Salil Basu

Doenças Genéticas e Cuidados de Saúde em Áreas Tribais da Índia

Salil Basu

Doenças Genéticas e Cuidados de Saúde em Áreas Tribais da Índia

Mapas Genéticos e Estratégias de Gestão incluindo Aconselhamento Genético

ScienciaScripts

Imprint

Any brand names and product names mentioned in this book are subject to trademark, brand or patent protection and are trademarks or registered trademarks of their respective holders. The use of brand names, product names, common names, trade names, product descriptions etc. even without a particular marking in this work is in no way to be construed to mean that such names may be regarded as unrestricted in respect of trademark and brand protection legislation and could thus be used by anyone.

Cover image: www.ingimage.com

This book is a translation from the original published under ISBN 978-3-8443-9771-0.

Publisher:
Sciencia Scripts
is a trademark of
Dodo Books Indian Ocean Ltd. and OmniScriptum S.R.L publishing group

120 High Road, East Finchley, London, N2 9ED, United Kingdom
Str. Armeneasca 28/1, office 1, Chisinau MD-2012, Republic of Moldova, Europe
Printed at: see last page
ISBN: 978-620-3-08554-9

Copyright © Salil Basu
Copyright © 2024 Dodo Books Indian Ocean Ltd. and OmniScriptum S.R.L publishing group

ÍNDICE

1.0 Conceito e Âmbito da Genética — 4

2.0 Doenças Genéticas e Qualidade de Vida — 5

3.0 Métodos de Estudos Genéticos no Homem — 7

4.0 Hemoglobinopatias e Perturbações Aliadas — 13

5. 0 Marcadores Genéticos, Hemoglobinopatias e Paludismo: — 37

6.0 Consanguinidade e Transtornos Genéticos: — 39

7.0 Cegueira das cores — 48

8.0 Erros Inatos Inatos do Metabolismo: — 50

9.0 Aberrações cromossómicas — 52

10.0 Malformações Congénitas (Defeitos de Nascimento) — 61

11.0 Grupos sanguíneos, Incompatibilidades e Associação com Doenças: — 62

12.0 Antigenes e Doenças HLA: — 66

13.0 Idade Óptima para a Criança e Distúrbios Genéticos — 68

14.0 Aconselhamento Genético — 69

15.0 Sistema de Entrega de Saúde em Áreas Tribais Problemas, Questões, Engarrafamentos — 73

1.0 Conceito e Âmbito da Genética

A genética é uma das sub-divisões mais importantes da ciência da biologia e trata da hereditariedade e variação entre organismos relacionados. A palavra 'genética' deriva da raiz grega, 'génese', que significa origem e quando literalmente aplicada, refere-se à origem dos vários tipos de formas de vida que povoam o globo. A genética trata não só da forma como as características são transmitidas de uma geração para a seguinte, mas também das acções das unidades de hereditariedade, à medida que elas trazem as características que elas controlam. O nome 'genética' foi proposto pelo Prof. Bateson em 1906. Existem três grandes ramos da genética, nomeadamente a Genética Vegetal, a Genética Animal e a Genética Humana. As primeiras observações sobre plantas e animais sugeriam que as leis naturais subjacentes poderiam ser responsáveis pela hereditariedade e variação. Tornou-se gradualmente óbvio que os mesmos princípios básicos poderiam ser aplicados às plantas, animais e homens. Elementos físicos específicos (factores, mais tarde chamados genes) são transmitidos dos pais aos descendentes através dos gâmetas, ou seja, ovos e espermas. As características distintivas de uma dada espécie são mantidas geração após geração.

Todas as características de qualquer organismo, contudo, têm componentes hereditários e ambientais, embora algumas características sejam mais imediatamente influenciadas pelo ambiente do que outras. Enquanto que o padrão biológico básico é estabelecido pela hereditariedade, o desenvolvimento do indivíduo é afectado pelo ambiente. Alguns genes respondem de forma diferente a uma vasta gama de condições. Outros são muito mais precisos e restritos nos seus efeitos.

Human Genetics trata do estudo da transmissão de traços humanos, tanto físicos como mentais, de pais para filhos. A genética humana engloba muitos ramos importantes como a genética populacional, genética médica, genética fisiológica, genética bioquímica, citogenética, etc.

A Genética da População Humana preocupa-se principalmente com o estudo da composição genética precisa das populações e dos vários factores que determinam a incidência de traços hereditários nas mesmas. O comportamento de acasalamento de diferentes populações humanas e as alterações das condições ambientais afectam profundamente as frequências das diferentes constituições genéticas, que são as principais responsáveis pela base biológica da saúde das populações.

A disciplina da genética da população humana está gradualmente a ganhar uma posição central na investigação relacionada com a saúde, reprodução e doença. A diversidade genética dos grupos populacionais indianos que habitam as mais variadas condições geo-climáticas e ecológicas coloca um desafio à genética da população ao elucidar as causas das variações e delineamento dos perigos para a saúde devido às interacções genéticas e genético-ambientais. Os estudos genéticos da população desempenham um papel importante nos programas de saúde e bem-estar familiar, fornecendo informação vital sobre a incidência de várias doenças hereditárias em populações casadas, perigos de casamentos consanguíneos, associação de marcadores genéticos com doenças (i.e. malária, varíola, lepra, cancro, etc.), epidemiologia das doenças genéticas, aspectos genéticos da infertilidade, efeitos da radiação na dotação genética da população, efeitos genéticos dos contraceptivos, idade óptima para a procriação, riscos empíricos de ter filhos defeituosos, que podem ser utilizados para a prevenção de várias doenças genéticas e genéticas ambientais através de aconselhamento genético pré e pós-matrimonial. Portanto, os conhecimentos científicos relativos à natureza, incidência e outros aspectos das anomalias genéticas seriam de especial interesse para os programas de saúde e bem-estar familiar. Uma restrição voluntária da gravidez por casais portadores de defeitos hereditários graves pode ser conseguida através de um aconselhamento genético adequado. Tal restrição voluntária reduziria a transmissão de muitas anomalias hereditárias quando a informação estivesse disponível com antecedência.

2.0 Doenças Genéticas e Qualidade de Vida

Todos os correlatos socioculturais, socio-económicos e sócio-biológicos têm de ser tomados em consideração ao tirar qualquer conclusão dos vários factores que afectam a saúde e as doenças num determinado grupo populacional e estes podem variar de um grupo para outro.

Todas as doenças são, em certa medida, de origem genética e manifestam-se em interacção com o ambiente; em resumo, a doença e o processo de manifestação da doença têm uma etiopatologia complexa. A delimitação dos factores causais da doença requer investigações aprofundadas sobre o meio sócio-cultural e sóciobiológico dos grupos populacionais. Pode incluir diversos factores tais como o saneamento, higiene, carga parasitária, padrão de acasalamento, alianças conjugais preferenciais, padrão nutricional, comportamento em busca de saúde, marcadores genéticos, etc.

Grupos populacionais tribais da Índia proporcionam uma oportunidade única para o estudo de factores genéticos nas condições ambientais mais naturais. As condições ambientais naturais, implicam as condições que não se encontram sob o impacto da modernização e da aculturação. Como todos sabemos, os grupos populacionais tribais da Índia estão distribuídos por quase todo o país, excepto em alguns estados, em bolsas definidas caracterizadas pela sua configuração individual sócio-económica, cultural e sócio-biológica. Habitam em condições geoclimáticas muito variadas e estão expostos de forma diferente às diversas pressões e tensões climáticas e ambientais. (Basu, Salil, 1987, "Genetic, Socio-cultural and health care among tribal groups of Jagdalpur and Konta tehsils of Bastar district, Madhya Pradesh" in **Anthropology Development and Nation Building**, Edited by A. K. Kalla and K. S. Singh)

Estima-se que quase 6% de todos os bebés nascidos vivos sofrem de doenças e defeitos hereditários. Um desenvolvimento na ciência médica ajudou o homem a exercer um melhor controlo sobre as doenças transmissíveis e não transmissíveis. Como resultado, as doenças de origem genética estão a ser cada vez mais reconhecidas. Na Índia, foram feitos progressos consideráveis nas últimas duas décadas com medidas bem sucedidas para erradicar a peste, cólera e varíola. Devido aos esforços concertados do programa, as doenças transmissíveis e não transmissíveis tais como a malária, tuberculose, lepra, etc. estão a ficar sob controlo. Como resultado, as doenças de origem genética e genética ambiental estão a emergir para a vanguarda, o que pode ter sérias implicações no sistema de saúde e qualidade de vida. É bem conhecido que a qualidade de vida depende da dotação genética herdada dos pais e da interacção entre atributos genéticos e ambiente, incluindo vários factores físicos, sociais, sócio-biológicos e culturais que formam sem dúvida uma componente integral do património. Investigações nas últimas três décadas demonstraram que, em sentido estritamente biológico, os grupos populacionais indianos, discretamente referidos como várias castas, sub-castas, tribos, comunidades e clãs, são isolados biológicos distintos, habitando uma grande variedade de condições geo-clirnáticas no país. A elucidação das causas das variações e a delimitação dos perigos para a saúde devido à interacção genética e genético-ambiental é a principal tarefa que deve ser levada a cabo com prioridade.

Observou-se que cada indivíduo carrega cerca de 5-8 genes nocivos que se perpetuam nos grupos populacionais. A frequência destes genes nocivos nos grupos populacionais é controlada por um grande número de factores sócio-biológicos. Uma maior frequência de doenças genéticas na população leva não só a um maior desperdício fetal e mortalidade perinatal* mas também a uma maior frequência de malformações e deficiências congénitas. Em resumo, estas doenças genéticas e genético-ambientais formam os componentes básicos que determinam a qualidade de vida de uma população.

O Departamento de Genética Populacional e Desenvolvimento Humano do Instituto Nacional de Saúde e Bem-Estar Familiar realizou uma avaliação crítica dos estudos genéticos da população disponível na Índia e a preparação de mapas genéticos, a fim de rever o estado actual dos conhecimentos e identificar a magnitude dos problemas dos grupos populacionais indianos. O estudo mostrou uma alta incidência de certas doenças como hemoglobinopatias (anemia falciforme, talassemia, deficiência da enzima G-6-PD, etc.) em certos grupos tribais e castas programadas e alta frequência de malformações congénitas, distúrbios mentais e desperdícios reprodutivos em comunidades estreitamente consanguíneas.(Basu, Salil,1994" Doenças Genéticas e Cuidados de Saúde" Shree Kala Prakashan, Delhi-110007)

Embora defendendo a adopção de uma norma familiar pequena, as características genéticas e as fraquezas de uma comunidade e de uma família individual como unidade têm de ser consideradas. Ao empreender programas de rastreio de várias anomalias genéticas em diferentes grupos populacionais da Índia, é necessário desenvolver uma informação de base eficiente. Isto facilitará o diagnóstico de doenças genéticas, a prevenção de nascimentos anormais através de aconselhamento genético adequado e, assim, a manutenção de uma melhor qualidade de vida.

3.0 Métodos de Estudos Genéticos no Homem

O homem como objecto de estudo genético apresenta tanto desvantagens como vantagens. O homem não é um sujeito favorável aos estudos genéticos por uma variedade de razões, isto é, acasalamentos controlados de fundo genético conhecido, produção de um grande número de descendentes de um único acasalamento, padronização ou alteração do ambiente à vontade, não são características das sociedades humanas. Além disso, a análise genética humana é dificultada por um longo período de geração. Contudo, existem vantagens especiais do material humano na análise genética (Neel e Schutt, 1954).

Embora os acasalamentos controlados sejam impossíveis nas sociedades humanas mas o homem, no seu tempo conseguiu entrar em muitos dos acasalamentos desejados pelo geneticista. Estes acasalamentos só precisam de ser localizados e estudados por geneticistas.

Os vários métodos utilizados no estudo da genética humana compreendem a). Estudo de gémeos, b.) Análise do pedigree, c.) Procedimentos estatísticos, d.) Abordagem genética epidemiológica, e.) Métodos bioquímicos, citológicos, clínicos, serológicos, imunológicos, e dermatoglíficos.

a. Estudos de gémeos:

A investigação em gémeos tem desempenhado um papel vital no desenvolvimento da genética humana. Spath (1860) e Galton (1875) foram os primeiros a reconhecer a importância da investigação de gémeos na avaliação do problema da nutrição da natureza. (cf Neel e Schull, 1954).

O método de investigação de gémeos oferece a única oportunidade de comparação entre indivíduos de semelhantes (MZ) e, ao contrário da estrutura genética (DZ), e é por isso de particular importância para a genética humana.

Gêmeos idênticos (MZ) ou gémeos monovulares com potencialidades hereditárias semelhantes são de importância única para fins de investigação biológica. Podem ser efectivamente utilizados para medir os efeitos de diferentes ambientes no mesmo genótipo.

Os gémeos dizigóticos (DZ) ou binovulares (gémeos fraternais) são geneticamente diferentes e, portanto, fornecem meios de avaliar a expressão de diferentes genótipos sob o mesmo ambiente.

A comparação de MZ com DZ gémeos produz informação sobre a percentagem de variação fenotípica atribuível à hereditariedade (H)

$$H = \frac{CMZ - CDZ}{100 - CDZ}$$

CMZ e CDZ são as percentagens de gémeos MZ e DZ concordantes. Se, num determinado ambiente, ambos os membros de um par de gémeos desenvolverem o mesmo fenótipo, diz-se que os gémeos são "Concordantes". O valor de H variará entre 0 e I. O valor que se aproxima de I será mais regido pela hereditariedade em comparação com o valor 0,5 e abaixo, por exemplo :

Mongolismo H = 0,881 (Hereditariedade tem um papel significativo)

Clubfoot H = 0,221 (O ambiente desempenha um papel importante)

Para características quantitativas, Holzinger (1929)

(cf. Neel e Schull,1954)

Proposta $H = \dfrac{rMz - rDz}{1 - rDz}$

rMz = coeficiente de correlação intraclasse para Mz

rDz = coeficiente de correlação intraclasse para DZ com o mesmo sexo.

O valor de H é limitado por 0 e I. Estes valores podem ser utilizados como estimativas da contribuição relativa de hereditariedade e ambiente.

A comparação de gémeos MZ que foram criados separados dá uma oportunidade de interacção natureza-natureza à avaliação dos efeitos de dois ambientes diferentes sobre o mesmo genótipo.

Observa-se, assim, que embora os estudos com gémeos forneçam informações sobre a contribuição relativa da hereditariedade e do ambiente na manifestação de uma característica, o modo de herança não pôde ser conhecido pelo estudo dos nascimentos múltiplos.

b. Análise do pedigree:

A análise do pedigree é um dos melhores métodos de análise do estudo da herança. Determina o modo de herança de uma característica, seja ela dominante ou recessiva, autossómica ou ligada ao sexo. Também ajuda no estudo da análise de ligação. O pedigree é um gráfico ou diagrama que representa a história ancestral de um indivíduo. É um meio esquemático de mostrar as relações genéticas entre indivíduos.

O método do pedigree consiste em analisar para um traço particular, os resultados do acasalamento já feito. Os diagramas ou gráficos são geralmente construídos para simbolizar os indivíduos e ilustrar as relações entre eles. A partir dos dados ilustrados, são feitas tentativas para detectar o modo de herança de um traço.

O padrão de pedigree fornece informação sobre os princípios mendelianos de segregação, sortimento independente, alelismo, ligação e mais eficazmente sobre a herança de factor único.

O estudo de uma característica particular numa família começa geralmente com uma pessoa "afectada" que é referida como "proband" ou "propositus" e é marcada por uma seta. As gerações são numeradas com números romanos (I, II, III, etc.) e variam desde o mais cedo no topo do gráfico de pedigree até ao mais recente na parte inferior. Todos os outros detalhes são mostrados na amostra do pedigree (Fig. 1).

Se o traço (expressão fenotípica de um gene) for herdado, ele será reflectido nas gerações de pedigree. No caso do modo autossómico de herança, o traço será observado tanto no macho como na fêmea sem qualquer preconceito (por exemplo, ABO, grupos sanguíneos MN.) Na herança ligada ao X, geralmente as fêmeas são portadoras e transmitem a anormalidade a 50% dos seus filhos machos. A anormalidade manifesta-se nos machos e a característica nunca é transmitida directamente de pai para filho (por exemplo, hemofilia, cegueira da cor, retinite pigmentosa, etc.). Mas na herança ligada ao Y (holandric/inheritance), os genes do cromossoma Y são transmitidos exclusivamente segundo as linhas masculinas - um homem afectado transmite o traço a todos os seus filhos e a nenhuma das suas filhas (p. ex. Hipertricose ou pinna peluda da orelha). Em herança autossómica dominante, cada pessoa afectada deve normalmente ter um pai afectado e a pessoa afectada casada com um indivíduo normal terá filhos normais e afectados na proporção 1:1, ou seja, 50% dos filhos serão afectados (por exemplo, Achondroplasia, Braquidactilia, etc.).

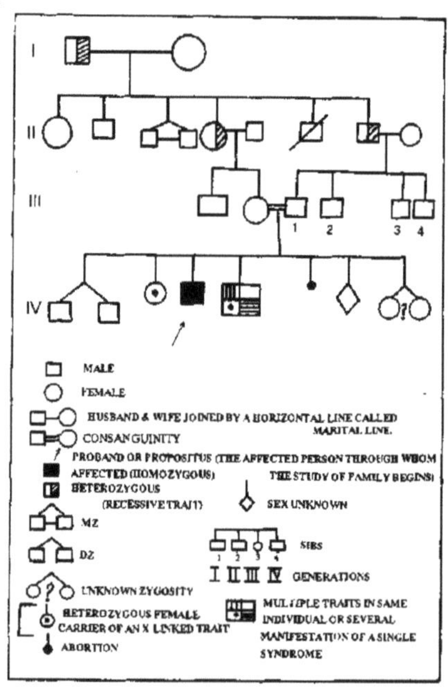

Fig. 1: A Pedigree

Ao lidar com heranças autossómicas recessivas, a grande maioria dos pais dessas pessoas afectadas são normais na aparência exterior, são portadores heterozigotos. Há uma ocorrência familiar, tomando uma grande sibernidade, é possível demonstrar uma proporção de 3:1 dos indivíduos normais para os afectados (isto é, 25% afectados) (por exemplo, fenilcetonúria, albinismo, alcaptonúria, etc.). As características da herança intermédia são: a. A dose única do gene anormal produz um certo grau de anormalidade, mas a dose dupla produz uma maior anormalidade. b. O heterozigoto é intermediário entre os dois homozigotos, ou seja, o afectado e o normal, *por exemplo,* anemia falciforme, talassemia. Os resultados da análise de pedigree são, no entanto, mais tarde verificados por testes estatísticos.

c. Procedimentos Estatísticos

Sir Francis Galton, geneticista e biometrista do século passado, empregou extensivamente instrumentos estatísticos para estudos sobre o património humano. Galton merece muito crédito pelo pioneirismo na utilização de ferramentas matemáticas que são agora consideradas necessárias para qualquer investigação que trate de dados quantitativos. O uso de métodos estatísticos por geneticistas para controlar experiências e analisar resultados foi revitalizado pelos recentes desenvolvimentos na genética populacional. São utilizados métodos estatísticos na estimativa de frequências genéticas, teste de hipóteses genéticas tais como o modo de herança, quantificação da consanguinidade, detecção e quantificação da ligação genética e factores quantificadores na genética populacional tais como mutação e selecção.

d. Abordagem Epidemiológica Genética

A epidemiologia genética é uma ciência que lida com a etiologia, distribuição e controlo de doenças em grupos de parentes e com causas herdadas de doenças em populações (Morton, 1982).

A epidemiologia genética é um instrumento importante para a delimitação dos factores genéticos e não genéticos na causa da doença. Pode ajudar a compreender a etiologia de doenças complexas que podem ser os princípios orientadores para o seu controlo final.

A epidemiologia genética diz respeito principalmente ao estudo da agregação familiar de fenótipos particulares para resolver a herança genética de outras fontes de semelhança familiar (Lalouel, 1980). No estudo das semelhanças familiares, podem distinguir-se dois objectivos principais: a.) a investigação dos principais efeitos genéticos e b. a resolução da herança genética versus herança cultural.

Existem geralmente as seguintes quatro estratégias de investigação da epidemiologia genética:

1. Análise de segregação: A análise de segregação é aplicável à análise de dados sobre famílias nucleares e alargadas. MacLean, Morton e Lew (1975) alegaram que a análise de segregação pode discriminar entre os efeitos devidos a um local importante e os devidos aos polígenos e à herança cultural. A análise de segregação e a análise de ligação são os instrumentos básicos para delinear os principais efeitos genéticos.

2. Análise do Caminho: A análise dos percursos foi concebida por Sewell Wright (1921,1934) que pôde contemplar o poder especial da análise dos percursos para calcular correlações genotípicas entre familiares (c.f. Schull e Weiss, 1980). A análise de trajectória é um método para decompor correlações entre fenótipos quantitativos de pares de indivíduos relacionados nos seus componentes genéticos e ambientais causais. Rao et al. (1974,1976) e Morton (1974) defendem a utilização extensiva de "índices" ambientais para aumentar o número de correlações disponíveis e o poder da análise de trajectórias para separar causas importantes. A resolução do património genético e cultural é tratada de forma mais adequada através da análise dos percursos.

3. Grupo Fixo de Familiares (Gémeos): Há mais de um século atrás, Spath (1960) e Galton (1875) chamaram a atenção para a singularidade dos gémeos e a sua utilidade na avaliação do problema da nutrição da natureza (cf. Schull e Weiss,1980).

4. Uma Coorte de Genealogias: Actualmente, a ênfase deslocou-se para a compreensão dos processos de manifestação de doenças como neoplasmas de todos os tipos, diabetes, hipertensão e factores de risco de doenças cardiovasculares, etc. O que é comum neles é que são geralmente multifactoriais com factores genéticos hospedeiros específicos responsáveis pela susceptibilidade, para além de numerosos outros factores contributivos.

Já não é suficiente verificar os probandos como já foi feito anteriormente, pois todos estão em algum nível de risco de serem apanhados pela doença, um risco que normalmente aumenta com a idade. Isto requer o levantamento de toda a população por amostragem aleatória das famílias para obter as estimativas de risco.

Modelos de Herança

Para a inferência estatística dos principais efeitos genéticos, são utilizados modelos mistos em famílias e pedigrees nucleares. A análise da semelhança familiar envolve um modelo geral multifactorial, incorporando factores genéticos e culturais, fenotípicos e homogéneos sociais, efeitos paternais e maternais e efeitos ambientais comuns aos irmãos. A identificabilidade e poder de resolução de tais factores está relacionada com a disponibilidade de dados sobre determinadas relações familiares e índices culturais (Rao, et al. 1974, 1979b).

e. Métodos Bioquímicos, Citológicos, Clínicos, Serológicos, Imunológicos e Dermatoglíficos

O clínico desempenha um papel importante na investigação genética ao determinar categorias fenotípicas de doenças para estudo, ao detectar manifestações ligeiras em parentes, ao apontar características que sugerem vias produtivas de investigação nas esferas citológica, bioquímica e outras. As técnicas serológicas e imunológicas contribuíram largamente para o estudo da genética dos grupos sanguíneos e da genética das proteínas do soro. As configurações dermatoglíficas do dedo, palma e sola foram amplamente estudadas na genética humana com especial referência ao diagnóstico de gémeos, disputa de paternidade, critérios de diagnóstico de certas doenças hereditárias e variação étnica.

4.0 Hemoglobinopatias e Perturbações Aliadas

As síndromes anormais de hemoglobina, talassemias e glucose-6-fosfato desidrogenase (G-6-PD) são importantes desordens hemotológicas hereditárias que são de considerável importância para a saúde pública. Produzem anemia hemolítica de gravidade variável (Basu, 1978c).

O conhecimento disponível sobre hemoglobinopatias e doenças aliadas é inadequado na Índia. Deve ser realizado um estudo de investigação coordenado entre vários grupos endogâmicos (incluindo tribais) da Índia sob diferentes cenários ecológicos e sociais, com vista a delinear a natureza e extensão das doenças hemoglobinopáticas predominantes. Devem também ser feitas tentativas para determinar a provável susceptibilidade ou resistência das hemoglobinopatias com doenças e também para avaliar as causas de variação da incidência de distúrbios hemoglobinopáticos em cenários ecológicos particulares. Os aspectos sociais e de saúde pública das doenças hemoglobinopáticas representam um problema significativo que deve ser tratado com prioridade.

A hemoglobina, o pigmento respiratório dos eritrócitos, é um conjugado da globina proteica e do pigmento heme. Heme é um complexo metálico constituído por um átomo de ferro no centro de um anel de porfirina (Fig. 2). O anel de porfirina é formado a partir de quatro pirrolos que estão ligados por pontes de metano. A globina da molécula de hemoglobina é composta por quatro tipos diferentes de cadeias de polipéptidos chamados Alfa, Beta, Gama e Delta. Cada tipo de cadeia de polipeptídeos difere entre si em número e disposição de aminoácidos. 98 por cento da hemoglobina de adultos normais (HbA) consiste em duas cadeias de polipeptídeos alfa,

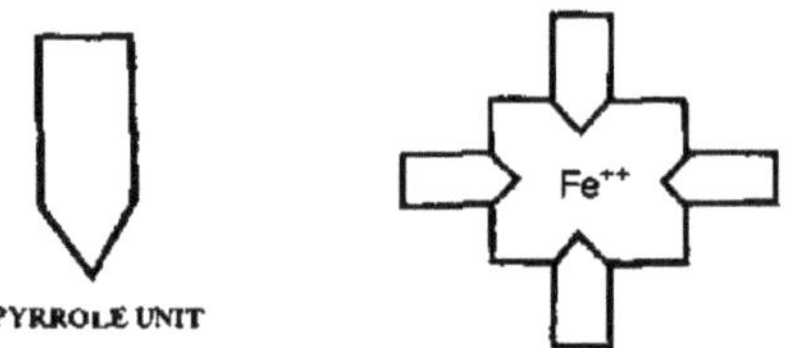

Fig. 2 I Estrutura do Heme

cada uma constituída por 144 aminoácidos e duas cadeias de polipeptídeos beta, cada uma constituída por 146 aminoácidos. A hemoglobina de 2% do sangue humano adulto normal (HbA) contém duas cadeias de polipeptídeos delta em vez de cadeias beta. A hemoglobina do sangue fetal contém duas cadeias de polipeptídeos gama em vez de cadeias de polipeptídeos beta. Ao nascer, a hemoglobina principal é HbF e durante o primeiro ano de vida, a HbF é gradualmente substituída por HbA e HbA2. A estrutura proteica para as três hemoglobinas é escrita da seguinte forma:

$$HbA = \alpha_2\,\beta_2$$
$$HbA2 - a_2\,\infty_2$$
$$HbF = a2\,t'_2$$

O grupo Herne é responsável por transportar oxigénio e, numa molécula de hemoglobina normal, quatro grupos heme estão ligados a quatro cadeias de polipeptídeos que no total consistem em 574 aminoácidos. As sínteses das cadeias de polipeptídeos são reguladas por genes estruturais e operadores.

Nas hemoglobinopatias, a estrutura química real da hemoglobina é anormal, e a alteração na estrutura pode afectar a taxa a que a hemoglobina é sintetizada no corpo, ou o destino dos eritrócitos que contêm pigmentos anormais (OMS, 1966).

4.1 Hemoglobinas anormais

As hemoglobinas anormais resultam da substituição de um aminoácido por outro na sequência normal do peptídeo de uma das subunidades da porção da globina da hemoglobina.

Estas anomalias na sequência de aminoácidos surgem através de mutações dos genes que determinam a estrutura da cadeia de polipeptídeos em questão. Exemplos destas alterações são a hemoglobina anormal detectável electroforicamente como a HbS, HbC, HbD, HbE, etc., que ocorre nos estados heterozigotos ou homozigotos. As hemoglobinas anormais são herdadas como simples caracteres Mendelianos (Chatterjea, 1968). Embora seja provável que todas as variantes da hemoglobina A sejam alelomorfos, a prova directa desta suposição tem sido obtida até agora apenas para a hemoglobina A, S, C e E. O modo comum de herança em hemoglobina anormal é atribuído à presença de um gene específico que, em estado heterozigoto, não causa normalmente qualquer desvantagem significativa à pessoa em causa. No estado homozigoto, isto pode, contudo, produzir vários graus de anemia hemolítica.

4.1.1 Hemoglobina anormal de células falciformes (HbS):

Características
Esta é a hemoglobina anormal mais frequentemente encontrada na Índia. É uma das variantes anormais importantes da hemoglobina adulta (HbA). A hemoglobina de células falciformes (HbS) é uma anomalia molecular da cadeia da beta globina com substituição do ácido glutâmico por Valina na posição do 6º códão, como mostrado por Vernon Ingram em 1957. Esta mutação particular afecta grosseiramente a solubilidade e cristalização desta hemoglobina em condições de hipoxia. O primeiro relatório de células falciformes foi feito pelo médico de Chicago, J.B. Herrick, que em 1910 descobriu estas células "peculiares alongadas e em forma de doença" (Fig.3) no sangue de um estudante anémico das Antilhas (Lehmann e Huntsman, 1966). Linus Pauling, um químico notável, mostrou em 1949, uma diferença significativa entre as mobilidades electroforéticas da hemoglobina derivada de eritrócitos de indivíduos normais e as de indivíduos anémicos de células falciformes.
A doença falciforme é uma doença hereditária autossómica e verificou-se que ocorre

em pessoas com duas condições clínicas muito diferentes.

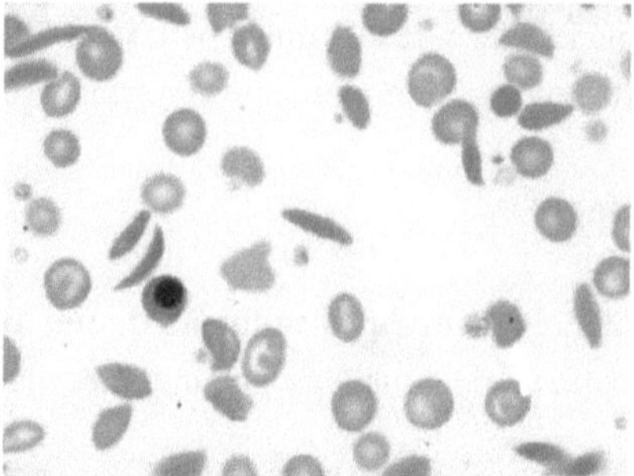

Fig 3. Células que mostram Sickling

a. Anemia falciforme (HbSS) (Homozigotos)

A doença falciforme (HbSS) resultante do estado homozigoto, é uma anemia hemolítica (diminuição da esperança de vida dos eritrócitos) que leva a uma anemia grave e muitas vezes fetal. A doença é ainda caracterizada por aumento do baço, crise dolorosa, lesões de órgãos, funções mentais prejudicadas, aumento da susceptibilidade à infecção e, por fim, morte precoce sob certas condições. Um novo filme de sangue mostra geralmente alguns eritrócitos com uma peculiar foice em forma de foice bizarra. Os doentes (Fig.4) tendem a ter o tronco mais curto com pernas longas e um asténico geral (fraco) construído. O seu fígado é normalmente aumentado, estão presentes úlceras crónicas nas pernas. Descobriu-se que as células falciformes aumentam a viscosidade do sangue e impedem a circulação normal em pequenos vasos sanguíneos. Os doentes afectados sofrem de anemia hemolítica e de episódios recorrentes de dor abdominal e músculo-esquelética (Vogel e Motulsky, 1982). Sickling necessita de acidose ligeira e nem in vitro nem in vivo se podem formar células falciformes quando o pH do sangue está dentro do lado alcalino da gama normal. Os eritrócitos transportam cerca de 95 por cento ou mais de hemoglobina S e o resto é HbF. Os doentes com anemia falciforme têm geralmente níveis baixos de hemoglobina (6-10g. por cento).

Fig. 4 : Anemia falciforme

O aspecto único da anemia falciforme é o enfarte por células falciformes. Estes enfartes de foice aparecem em locais diferentes e em idades diferentes - em crianças muito pequenas que crescem ossos das mãos particularmente afectados (dactyl itis), fases posteriores do baço e na puberdade, o topo do fémur é afectado, no peito ou abdómen de adultos é afectado.

b.   Traço de Célula Falciforme (HbAS): (Heterozigotos)
Encontrados em estado heterozigoto, os portadores são perfeitamente aptos, saudáveis e não sofrem de anemia. Mas, em comparação com o normal, estas pessoas são mais propensas a episódios infecciosos e vaso-oculsivos em condições de hipoxia e stress. As células falciformes sobrevivem aos habituais 100 a 120 dias, o sangue parece normal, mas quando é desoxigenado selando uma gota de sangue sob uma lamela, de preferência após a adição de uma substância redutora como o metabissulfito de sódio (Naz S2 05), os eritrócitos mostram-se a enjoar. A HbS forma cerca de 25% a 45% da hemoglobina total e a HbA cerca de 75% a 55%. O nível de hemoglobina de células falciformes no traço falciforme é demasiado baixo, o enjoo ocorre apenas quando o doente sofre de anóxia considerável, por exemplo, ao voar em aviões não pressurizados, em pneumonia grave ou durante a anestesia. A crise da doença deve-se principalmente à precipitação de HbS, resultando em forma de foice em estado desoxidado. A foice dos eritrócitos quando atingem um nível crítico de desoxigenação. Foram apresentadas provas de que a HbF protege o comportamento doente porque as cadeias de HbF não se combinam com o precipitado de HbS. Observou-se também que a doença se combina com outras anomalias de produção de hemoglobina, tais como talassemia ou hemoglobina C.

Uma vez que o fenómeno doentio in vivo depende muito da quantidade de HbS, os heterozigotos HbA+S com menos de 50% de HbS estão livres dos problemas clínicos. Enquanto que aqueles com mais de 50% como S, S e C, 5-talassemia têm normalmente maior risco de crise de células falciformes (Bhatia, 1986).

4.1.1.2 Genética de Sickling

A herança da doença falciforme obedece aos princípios da herança mendeliana

    a.   AS x AA

         (Heterozigotos) (Normal)

Os descendentes teriam as mesmas hipóteses de ter o traço de Sickle Cell (AS) ou um genótipo AA normal.

    b.   AS x AS

         (Ambos os pais têm traço de célula falciforme)

50% de traço de célula falciforme (AS)

25 por cento de anemia falciforme (SS)

25 por cento de probabilidade Normal (A A).

A doença falciforme é recessiva no sentido em que as suas características não se manifestam nos heterozigotos, o gene da célula falciforme é dominante no sentido em que a sua presença é sempre expressa e codominante no sentido em que tanto os genes normais como os anormais são expressos nos heterozigotos (Sarjeant, 1985).

4.1.1.3 Testes de Hemoglobina Falciforme

O Teste de Células Falciformes (Método de Rastreio de Rotina): O método de D. Land and Castle (1948) tornou-se a técnica padrão para a realização do teste de rotina de anemia falciforme. Este teste pode facilmente ser feito como método de rastreio no Centro de Saúde Primário (PHC) ou no campo. Uma gota de solução de 2 por cento de metabissulfito de sódio recentemente preparada é misturada com uma gota de sangue numa lâmina de microscópio coberta com uma lamela, e selada com cera de parafina derretida para excluir o ar e evitar a secagem. Se a temperatura ambiente for inferior a 18°C, a lâmina deve ser incubada a 37°C durante 30 minutos. Após 30 minutos, a lâmina é examinada microscopicamente sob iluminação reduzida com objectiva seca de alta potência.

Um controlo positivo deve ser incluído periodicamente no teste.

Teste de Electroforese (Método Confirmativo): Electroforese (Fig. 5) é o movimento de partículas carregadas num campo eléctrico. A pH 8,4-8,6, a hemoglobina é uma proteína carregada negativamente, pelo que a hemoglobina migra para o ânodo num campo eléctrico. Durante a electroforese, várias hemoglobinas separam-se devido a diferenças de carga causadas por variações estruturais. Esta separação permite a identificação preliminar de diferentes hemoglobinas.

A confirmação do enjoo é feita pelo método de electroforese de hemoglobina. Todos os casos de anemia falciforme rastreados podem ser encaminhados para hospitais distritais/universidades/universidades de investigação/universidades onde existam infra-estruturas necessárias para a realização da técnica de electroforese.

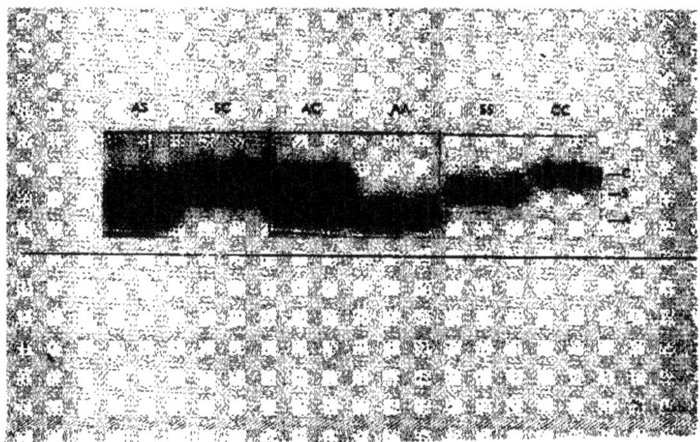

Fig. 5: Electroforese

Na electroforese alcalina convencional (pH 8,4-8,9) com movimento de hemoglobina em direcção ao ânodo, a HbS move-se mais lentamente do que a HbA e pode ser identificada. Na prática, o método requer uma fonte de corrente, um sistema tampão e um meio de suporte. Dos meios utilizados, o papel é o mais barato, mas dá mau resultado, enquanto o gel de amido dá bom resultado, mas consome muito tempo a fazer. A membrana de acetato de celulose dá excelentes resultados, mas é ligeiramente cara. O acetato de celulose é o meio mais utilizado actualmente, e com o sistema tampão tris-EDTA-borate a pH 8,4 (Schneider, 1973) dá uma excelente separação das principais bandas de hemoglobina em 20 minutos a 350V. Para diferenciar certos casos complexos, o método de focalização isoeléctrica (Drysdale et al., 1971), que é caro, é utilizado com meio de poliacrilamida e anfolina (pH 5-8). Este método permite uma excelente separação de diferentes bandas anormais de hemoglobina.

4.1.1.4 Distribuição na Índia

Sickling foi demonstrado pela primeira vez na Índia nos grupos tribais das Colinas Nilgiri no Sul da Índia (Lehman and, Cutbush, 1952a, 1952b). Estudos posteriores mostraram a doença em frequências bastante elevadas entre vários outros grupos tribais e comunidades de castas inferiores. A frequência de adoecer varia em diferentes grupos populacionais da Índia e em tais grupos, onde este gene é elevado, a anemia hemolítica na infância pode ser *um* problema de saúde pública directamente atribuível a este gene deletério. Tem sido relatada uma frequência muito elevada de adoecimento em várias partes do Sul, Oeste e Centro da Índia (Fig.6), Entre os grupos tribais, a frequência mais elevada de anemia falciforme tem sido notada entre os

Adiyan (32%) de North Wynad, Kerala (Negi, 1971).

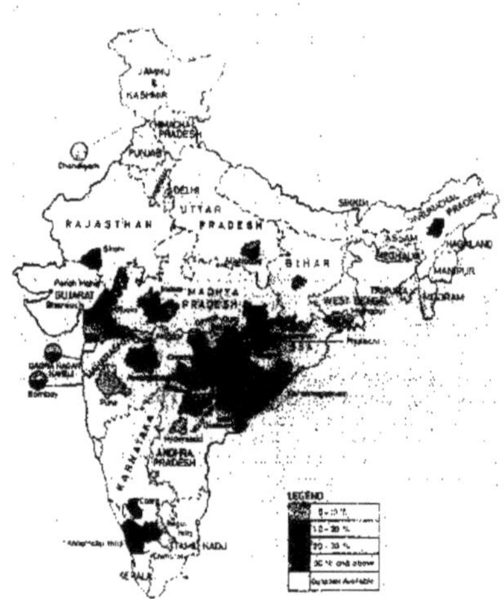

Fig. 6: Mapa que mostra a distribuição de Sickling na Índia

As próximas frequências mais elevadas foram comunicadas entre Irulas (31,45%) de Nilgiri Hills, Gamit (31,4%) de Gujarat, Veddids (31%) do Sul da Índia, Paniyan (29,73%) de North Wynad, Kerala, Muria (26,6%), Raj Gond (27.8%) e Bhattra (18,00%) de Bastar, Madhya Pradesh, Kutia Kondhs (16,36%) do distrito de

Phulbani, Orissa (Lehman e Cutbush 1952a, Lehman, 1954; Vyas et al. 1962, Buchi, 1955, Ganju, 1972, Basu, 1990a e 1990b).

Sickling também se encontra em algumas populações de castas baixas que são de origem mista e têm componente tribal na sua composição genética em vários graus, por exemplo Mahars (38,21%) de Madhya Pradesh, Relli (30%) da comunidade de Andhra Pradesh, Sorthi (30,6%) de Bombaim (Negi, 1971, Krishnamurty and Subba Rao, 1973, Mittal et al., 1962). Embora as descobertas de HbS estivessem confinadas principalmente a grupos tribais e populações de castas programadas, foram relatados casos isolados de talassemia de células falciformes em várias partes da Índia (Reddi et al, 1964; Chatterjea, 1966, Deshmukh et al, 1968, Sur et al, 1968, Magotra et al, 1975). A maioria destes casos, porém, não foram devidamente classificados etnicamente.

A doença falciforme foi encontrada em 72 distritos do Centro, Oeste e Sul da Índia (DST Relatório Técnico, 1990). Existem treze distritos (ou seja, Chandrapur, Gadchiroli, Dhule, Adilabad, Surat, Panchmahal, Bastar, Jhabua, Khargone, Mandla,

Dhar, Udaipur e Nilgiri) onde se observou uma elevada prevalência de enjoos. A análise crítica dos dados revela ainda que a prevalência do traço de sikle cell trait (HbAS) é superior a 19 por cento entre mais de 35 populações tribais só.

Estima-se, com base nas taxas de prevalência de pessoas HbAS em várias populações afectadas, que mais de 50 pessoas lakh entre tribais são portadoras desta doença genética (Malhotra,1986) e mais de 2, lakhs são homozigotos (anemia falciforme). Estes últimos tipos sofrerão de crises dolorosas recorrentes, infecções frequentes e consequentemente fatalidades na primeira infância.

4.1.1.5 Gestão da Crise de Sickling:

A crise de doença intravascular diferencia a anemia falciforme de todas as outras hemoglobinopatias e anemia hemolítica. A crise dolorosa é uma das manifestações mais características da doença falciforme e consiste na dor especialmente nos pulsos, cotovelos, ombros, joelhos, tornozelos, abdómen ou tórax geralmente associada à febre e à passagem de urina escura ou vermelha.

Devem ser tomadas as seguintes medidas para a prevenção e tratamento de crises de doença:

1. O paciente deve ser mantido quente, evitar banhos frios e frios ou beber água fria.
2. Dar uma ingestão adequada de líquidos para evitar a desidratação, evitar calor excessivo.
3. Evitar as infecções bem como a malária.
4. Os antibióticos profilácticos e anti-maláricos são úteis na prevenção de crises.
5. A selecção destes medicamentos deve ter em conta a deficiência do G-6-PD.
6. Evitar a estase vascular.
7. Prevenção de enfartes e formação de trombos no sistema circulatório.
8. Dar injecção de sulfato de magnésio durante a crise. Ajuda no processo de coagulação, retarda a formação de trombos e actua como agente vasodilatador na desalojação de ninhos de células falciformes de pequenas vênulas (Bhatia, 1986).
9. Para evitar o enjoo intravascular, o pH do corpo é mantido alcalino com administração oral de bicarbonato de sódio, 2-3 gms. por dia em doses divididas como precaução para prevenir crises, especialmente durante infecções. Deve-se assegurar que a ingestão de bicarbonato de sódio deve ser tal que a reacção da urina com tornesol permaneça alcalina.
10. Os suplementos de ácido fólico são dados sem suplementos de ferro. Os suplementos de ferro devem seguir a estimativa do soro de ferro.
11. O nível de Hb é mantido entre 6-9 g. por cento. Este grau de anemia com menor afinidade O_2 ajuda na libertação eficiente de O_2 aos tecidos e é suficiente para manter a vida activa.
12. A transfusão é dada apenas se o nível de hemoglobina cair para ou abaixo de 5,0 g. por cento.
13. O trabalho prolongado ou operação de cesariana deve ser evitado.
14. As úlceras de perna podem ser resistentes ao tratamento. Em tempo frio, as meias quentes devem ser usadas. A circulação deve ser melhorada através de ligaduras elásticas ou meias e aconselhando os pacientes a levantarem as pernas levantadas à noite. Uma vascularização deficiente facilita a infecção, deve ser dado um tratamento conservador para evitar infecções.
15. Monitorização/acompanhamento.

4.1.2 Outras Variantes da Hemoglobina, Distribuição na Índia:

4.1.2.1 Hemoglobina D

A hemoglobina D, encontrada na Índia e conhecida como Hb-D Punjab, é uma variante da cadeia beta, e foi inicialmente relatada por Pune num soldado Sikh (Bird, G.W.G. et al, 1955). Investigações posteriores em Punjab mostraram uma maior incidência de HbD em Sikh (2%) e Punjabis (Bird G.W.G. et al, 1956, Saha N., e Banerjee 1965, Chatterjea, J.B., 1966). Dez casos de HbD (comunidade desconhecida) de Uttar Pradesh, 9 casos de HbD em Bengalés de Bengalés Ocidental, 13 casos de HbD de casta desconhecida de Assam também foram relatados (Chatterjea,J.B., 1966, Gupta, S.C. et al; 1972, Sinha, *R.* et al., 1973). Quase nenhum caso foi relatado do centro da Índia. Foram relatados casos de talassemia IIb-D e traço Hb-D em Gujarati falando (1,72%) e Sindhi falando (1,13%) Lohanas de Bombaim (Shanbag e Bhatia, 1974, Sukumaran, P.K. et al, 1960). Dois casos de traço Hb-D foram observados na comunidade Khoja de Bombaim (Hakim et al, 1972). O traço Hb-D (0,3%) foi observado na população Goan (Lessa, A. e Desai, 1955). Excepto alguns casos isolados de Hb-D de Mysore, Tamil Nadu e Kerala, quase nenhum outro caso de Hb-D foi relatado do Sul da Índia (Swarup S. et al, 1959; Chandrasekar S. et al, 1974; Jain *R.C.* et al, 1970).

4.1.2.2 Hemoglobina E

Esta variante da hemoglobina foi estudada em bengalês e assamês e encontrada tanto nos hindus como nos muçulmanos em Bengala. Num estudo entre os bengalés hindus não relacionados, 3,9% mostraram esta característica (Chatterjea, J.B; Chatterjea 1958, 1959,1960, 1967), em Totos em Totopara em Assam foi relatada uma incidência mais elevada de 19,8% (Chaudhari, S. et al, 1964), entre as mulheres Kachari de Assam, foi observada uma frequência de 7,5% HbE (Deka, R, 1975). Estudos subsequentes em Bengala mostraram casos de traço HbE, doença HbE (homozigotos), talassemia Hb-E e doença Hb-DE (Chatterjea, J.B. 1966, 1960, 1965).

Foram relatados casos isolados de Hb-E de Agra, Uttar Pradesh, Patiala, uma família de língua tâmil de Madras e uma de ascendência Bengala-Tamil e numa família muçulmana de Aurangabad, num homem hindu em Trivandrum, Kerala (Mathur K.S. et al. 1962), (Sukumaran, P.K. et al, 1974; Swarup, *e'* al., 1960, Lele, R.D. et al., 1962; Kochar, e Kathpalla, 1963; Pande, S.R. 1972; Mehta, B.C., et al., 1973). Hemoglobina E-Thalassemia foram relatados numa família muçulmana Bohra em

Maharashtra, dois casos numa família de Uttar Pradesh e nove famílias em Bombaim (Sukumaran, P.K.; et al., 1974; Pillay, e Krishna Das 1972; Mehta, B.C. et al., 1973; Sukumaran, P.K.; et al., 1961; Sharma, R.S. et al., 1963; Udani, R.S., et al., 1963; Sukumaran, P.K. et al., 1972).

4.1.2.3 Hemoglobina J

O primeiro relatório da característica Hb-J num índio foi encontrado numa mulher Gujarati que foi detectada num inquérito aos índios que viviam em Kampala e perto de Kampala, África Oriental (Raper, A.B., 1957). Dois membros *de* uma família Bengalee foram informados de terem o traço Hb-J e outros membros de terem Hb-J interagindo com a beta-talassemia, indicando assim que esta hemoglobina é uma variante da cadeia beta (Swarup, et al., 1963). Uma descoberta semelhante foi relatada pelas famílias Lohana de Gujarati em Bombaim (Sanghvi, et al., 1958). Incidências do traço Hb-J também foram relatadas de Nagpur (família Harijan), Bombay (Halai e Cutchi Lohanas), Ahmedanagar (Mahar) (Sukumaran, P.K., et al., 1974; Subedar, B.J. et al., 1961; Sukumaran, P.K., et al., 1969).

4.1.2.4 Hemoglobinas K, L, M e Q

Poucos exemplos destas variantes são vistos neste país. O primeiro relatório da presença do Hb-K foi encontrado numa família das Índias Orientais (Ager, J.A.M. e Lehman, 1957). Subsequentemente, foram relatados casos de Hb-K de Madras, Bengala e Goa (Sukumaran, P.K., et al., 1972; Swarup, et al., 1963; Vella, F. e Bhagwan Singh, 1959).

Hemoglobina L: Uma variante de movimento lento foi relatada pela primeira vez de Londres num indivíduo Punjabi (Ager, J.A.M. e Lehman, 1957). Mais tarde foram relatadas incidências de Hb-L por Gujarati-Lohanas, Halai, Cutchi e Goghari Lohanas (Sukumaran, P.K., et al., 1974, 1969). Hemoglobina M foi estudada pela primeira vez numa família Punjabi que vivia em Amritsar (Chatterjea, J.B., 1966). Hemoglobin M. foi relatada numa família Khoja muçulmana na qual o pai e todos os quatro filhos foram encontrados como portadores desta característica (Bajaj, R.T., et al., 1973).

Hemoglobina Q: Uma nova variante, foi relatada em três famílias Sindhi de Bombaim e também de duas famílias Sindhi não relacionadas, bem como de Goa (Lessa, A. e Desai, 1955; Sukumaran, P.K., et al, 1972; Chouhan, D.M. et al, 1973).

4.2 Talassemia

A talassemia representa um grupo de doenças hereditárias de síntese de hemoglobina com gravidade variável. A produção de hemoglobina normal (HbA) é inibida devido à anomalia na síntese ordenada de uma ou outra cadeia de polipeptídeos da molécula de hemoglobina. De facto, as talassemias são frequentemente classificadas como hemoglobinopatias. Diferem, no entanto, das outras perturbações da formação de hemoglobina na medida em que não se formam cadeias anormais de hemoglobina. Pelo contrário, a taxa de formação de hemoglobina adulta diminui e, como consequência, podem existir várias combinações de cadeias normais de polipéptidos em quantidade anormal.

4.2.1 Tipos e Características

Com o avanço no conhecimento da estrutura da molécula de hemoglobina, é agora possível distinguir uma grande maioria das talassemias. As duas talassemias comummente encontradas são a beta-talassemia na qual a síntese em cadeia beta é reduzida e a alfa-patalassemia onde a síntese em cadeia alfa é afectada. Tanto as talassemias alfa como as talassemias beta podem existir quer no estado heterozigótico (quando o gene e para talassemia é herdado do pai ou da mãe) ou no estado homozigoto (quando o gene é herdado de ambos os pais).

Características

Beta-Thalassemia

A. O estado homozigoto é conhecido como talassemia major ou anemia de Cooley. É uma grave anemia infantil herdada:
   i. A ocorrência de anemia grave requer transfusões de sangue frequentes e termina frequentemente fatalmente na primeira infância.
   ii. Presença de eritrócitos de tamanho muito variável e muitas formas distorcidas (Poikilocytes) e células-alvo (Fig.7).
   iii. Elevação da hemoglobina fatal (HbF) (50-90%).
   iv. A percentagem de hemoglobina Az é muito variável. O nível de HbAz é elevado *nos* pais dos doentes de talassemia maior.

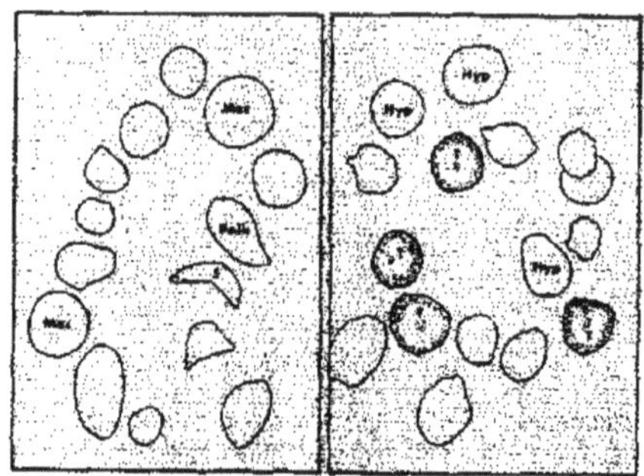

Fig. 7: Poiikilocytes,Célula-alvo da hipocromia

v.   A contagem de eritrócitos é muito reduzida (1.000.000 -3.000.000 células por Cmm).

vi.   A concentração sérica de ferro é caracteristicamente mais elevada do que o normal.

vii.   O sangue corado mostra uma marcada hipocromia, muitas das células mostrando apenas uma fina borda de hemoglobina.

viii.   Há normalmente um atraso no crescimento e desenvolvimento mental.

ix.   Há palidez marcada, pigmentação cutânea desigual, úlceras crónicas das pernas e distensão abdominal.

x.   Os ossos da abóbada craniana são frequentemente grosseiramente espessados e as alterações nos ossos faciais produzem a aparência característica conhecida como as faces mongolóides (Fig. 8).

Fig. 8: Uma criança de Talassemia

xi.   As dores nos ossos e as crises recorrentes de febre ocorrem desde tenra idade.

xii.   A esplenomegalia é encontrada no início do curso da doença e é progressiva.

xiii. Os bebés afectados não conseguem prosperar e ganhar peso normalmente e tornam-se progressivamente anémicos.

B. O estado heterozigótico é conhecido como thalassemia minor ou Cooley's trait. As pessoas com o traço de talassemia são perfeitamente saudáveis:

  i. Ocorre anemia ligeira a moderada.

  ii. Observa-se a elevação de HbA2 (2,5% a 5%).

  iii. As contagens de eritrócitos são menos reduzidas.

  iv. A hemoglobina fetal (HbF), se detectável, está presente em pequena quantidade na maioria dos casos.

Talassemia Alfa

Não é comum e só raramente causa qualquer doença em crianças. Existem duas formas clínicas de alfa talassemia:

A.   Síndrome de hidropisia de Hemoglobina de Bart;

B.   Doença da hemoglobina H.

Na talassemia alfa maior, ambas as linhas de produção da cadeia alfa são afectadas, a condição é letal e produz hidrops fetalis com o aborto de uma criança não viável durante a gravidez. A talassemia alfa menor é difícil de diagnosticar, o estado heterozigótico é inofensivo. É reconhecida pela presença de Hb-Bart's num recém-nascido e também pela presença ocasional de pequenas quantidades de HbH em heterozigotos adultos.

4.2.2 Diagnóstico de Talassemias

Beta-talassemias - Thalasseinia Major

O diagnóstico da talassemia major clássica é geralmente possível a partir dos dados clínicos e hematológicos e também a partir de estudos familiares. Todos os indivíduos suspeitos devem ser encaminhados para um hospital distrital/colégio médico/instituições de investigação/universidades onde existam instalações necessárias para estudos hemológicos e de electroforese. É importante determinar o nível de hemoglobinas F e A2, tanto no paciente como nos pais. A homozigosidade elevada de betathalassemia A2 pode ser diagnosticada se ambos os pais tiverem aumentado os níveis de hemoglobina A2 e o paciente tiver um aumento variável da hemoglobina F, geralmente superior a 20% da hemoglobina total. O nível variável de hemoglobina é de grande ajuda no diagnóstico de homozysous beta-talassemia. Estudos electroforéticos sobre o pai também indicarão se o paciente é verdadeiramente homozigoto para a betalassemia alta A2 ou heterozigoto para a talassemia alta A2 e uma das variantes beta-talassemia. A talassemia maior pode ser distinguida da anemia por deficiência grave de ferro pelas alterações mais graves dos eritrócitos na doença anterior, pela presença de grandes quantidades de Hb-F, níveis elevados de ferro sérico e aumento do teor de ferro da medula óssea na talassemia maior, e pelo facto de o doente que sofre de talassemia não beneficiar de tratamento intensivo com ferro.

Talassemia Menor
A principal característica de diagnóstico é a estimativa do nível elevado de HbA2 nos pacientes.

Tálassemia Alfa
As características clínicas e electroforéticas da doença da hemoglobina H são facilmente reconhecidas. As combinações de hemoglobina de cadeia alfa-talassemia-alfa também podem ser reconhecidas com a presença de cerca de 70 por cento de hemoglobina anormal, 20-30 por cento de hemoglobina A, hemoglobina H e Bart também estando presentes em pequenas quantidades em alguns casos.

4.2.3 Distribuição de Talassemias na Índia
A talassemia, de uma forma ou outra, é uma das mais importantes hemoglobinopatias na Índia (Chatterjea, 1966). O primeiro caso de talassemia na Índia foi registado em Bengalee boy de dois anos de idade (Mukherjee, 1938). Tem sido relatada em quase todas as regiões e está claramente mais difundida. Vários estudos trouxeram à luz um grande número de indivíduos com talassemia em várias formas: heterozigotos, homozigotos e em combinação com várias hemogloginas anormais (S, D, E, H, J & K). Mas a frequência dos diferentes tipos de talassemia em diferentes partes do país e em várias comunidades não é muito conhecida devido à ausência de uma simples técnica laboratorial útil para os levantamentos de campo. A maioria dos estudos relatados são sobre estudos de casos de hospitais sem qualquer classificação étnica adequada dos dados.

Os relatórios hospitalares sobre talassemia incluem 7 casos de Thal Assemia Major de Deli, 4 casos de Thal Assemia Major de Deli. Major e 1 caso de Thal Assemia de Th. Menor da U.P., 175 casos de Th.Major em Bengali Hindus de Bengali Ocidental,

234 casos de Th. Sindromes e 160 casos de Th. Major de Maharashtra, 80 casos de Th. Major de A.P., 118 casos de Th.Minor de A.P., e vários outros casos isolados de diferentes partes do país. (Ghai, 1958; Mathur, et al., 1%2; Swarup, et al., 1965; Chatterjea, 1966; Reddi, et al., 1975; Laxman, et al., 1971). Basu, et al., (1986, 1989) enquanto rastreavam 958 amostras de sangue tribais Bastar detectaram 18 casos de beta-talassemia menor, três casos de persistência hereditária de hemoglobina fetal e alguns casos de HbS - talassemia. A frequência do traço talassemia numa extensão de 3,7% foi relatada em Bengala, 4,2% em Chatrapur Saraswats, 5,15% em Punjabi Khattri, 17,4% em Halai Lohana e 15% em Bhanushali Community of Maharashtra (Chatterjea, 1966; Sukumaran, et al., 1974; Shanbag e Bhatia, 1974) (Fig. 9).

Alpha-Thalassemia
Foi relatado um caso de talassemia Hb-H de Calcutá e dois casos de doença Hb-H de Ahmedabad (Chatterjea, 1960; Chauhan, et al., 1970). A hemoglobina de Bart numa extensão de 2,4% foi detectada em sangue do cordão umbilical de Bengala. (Swarup, et al., 1965). Um inquérito no sangue do cordão umbilical realizado em Bombaim mostrou 9 casos de talassemia alfa (Chouhan, et al., 1970).

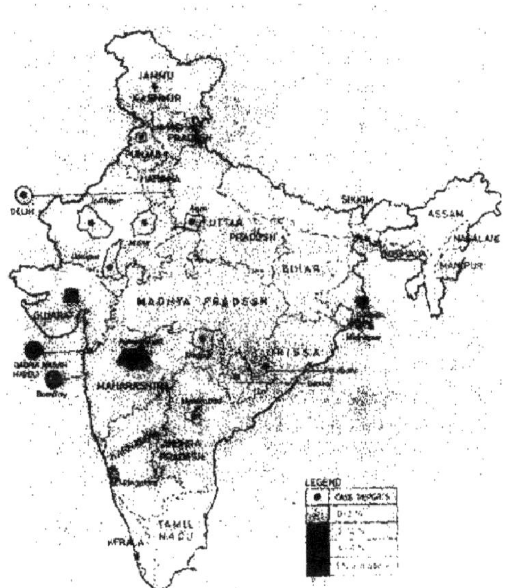

Fig. 9: Mapa que mostra a distribuição da Talassemia na Índia

4.2.4 Gestão de Talassemia

Beta-Thalassemia Major:

O único tratamento para a talassemia maior é transfusões de sangue regulares, geralmente de quatro em quatro semanas. A maioria das crianças que fazem estas transfusões crescem normalmente e vivem bastante felizes até aos vinte e poucos anos. Mas também são necessários outros tratamentos. As injecções de Desferal são dadas debaixo da pele de uma pequena bomba 5-7 noites de cada semana para remover ferro extra do corpo que se forma como resultado da decomposição dos glóbulos vermelhos após cada transfusão de sangue. O Desferal pega no ferro e executa-o na urina (W.H.O., 1985).

Beta-Thalassemia Minor:

O tratamento da beta-talassemia menor consiste em tratar vigorosamente as tensões secundárias, tais como infecções e em apoiar o aumento da produção de eritrócitos, especialmente durante a gravidez com uma pequena manutenção de ácido fólico e uma boa dieta proteica.

4.3 Deficiência enzimática de Glucose-6-Fosfato Desidrogenase:

4.3.1 Características

A glucose-6-fosfato desidrogenase é uma enzima importante dos glóbulos vermelhos e a sua deficiência é herdada como um traço recessivo ligado ao X. O gene responsável pela deficiência de G-6-PD está localizado no cromossoma X. Os homens que são portadores do gene (sendo hemizigotos) mostram expressão plena (fortemente afectados) e sofrem de episódios hemolíticos, mas a expressão nos heterozigotos femininos varia muito de baixa a intermédia. As *fêmeas* homozigotas, no entanto, são fortemente afectadas.

A deficiência de glucose-6-fosfato desidrata rogenase é uma das mais comuns deficiências de enzimas hereditárias que tornam os indivíduos vulneráveis à anemia hemolítica induzida por drogas. Esta enzima é necessária como catalisador na reacção de redução da oxidação biológica do glucose-6-fosfato - uma das fases do metabolismo dos hidratos de carbono. A deficiência das enzimas envolvidas no metabolismo dos glúcidos resulta em sensibilidade aos fármacos sulfonamidas, anti-maláricos (fosfato de primaquina), nitrofuranos, antipiréticos, napthaleno, sulfonas, favas, etc. e produz vários graus de anemia hemolítica entre as pessoas com deficiência de G-6-PD. O favismo, uma condição hemolítica produzida pelo consumo de Favabeans (Vicialava), encontra-se entre a população que vive na zona mediterrânica e é causada pela deficiência de G-6-PD.

Estima-se que mais de 150 milhões de pessoas sofrem de deficiência de G-6-PD em todo o mundo, exercendo assim uma grande pressão sobre as instalações de prevenção dos departamentos de saúde pública. Mais recentemente, tornou-se evidente que existe um polimorfismo genético muito extenso para a enzima, G-6-PD. Uma variante particular pode ser descrita em termos de (1) quantificação da sua actividade enzimática, (2) a sua mobilidade electroforética, e (3) as suas características bioquímicas.

Nem todas as variantes de G-6-PD que são encontradas resultam em hemólise clínica grave. De facto, algumas pessoas com variantes de G-6-PD raramente mostram qualquer sinal de hemólise. Os estudos biológicos moleculares detalhados mostram que, tal como as hemoglobinas anormais (por exemplo, HbS, C, E etc.), muitas das variantes enzimáticas ocorrem como resultado de mutação pontual no gene estrutural, geralmente através de substituições de aminoácidos (Baxi, 1985). Uma investigação sistemática sobre o mecanismo de hemólise por Alvin e colaboradores (Beutler, 1972) levou à descoberta de um defeito intracelular de deficiência da enzima glucose-6-fosfato desidrogenase. Outras investigações bioquímicas revelaram que os sujeitos deficientes tinham um sistema de glutationa reduzida (GSH) altamente instável que é responsável pela protecção dos eritrócitos contra insultos oxidativos (por exemplo, devido a drogas, produtos químicos, etc.). A falta de geração de equivalentes reduzidos na forma de NADPH em resultado da deficiência de G-6-PD afecta severamente a capacidade dos eritrócitos com deficiência para combater os danos oxidativos. Nestas circunstâncias, a hemólise ocorre. Foram relatadas mais de 250 variantes da enzima G-6- PD (McKusick, 1982). Em grupos populacionais indianos, a associação entre deficiência de G-6-PD e icterícia neonatal tem sido bem estabelecida (Deshmukh e Sharma, 1968a; Jolly, 1986).

4.3.2 Técnica de rastreio

Dos muitos testes de rastreio que foram descritos, o que é recomendado como o mais geralmente útil e fiável é o teste de pontos fluorescentes (Beutler, 1966; Beutler e Mitchell, 1968). Este teste de rastreio da deficiência de G-6-PD foi recomendado pelo Comité Internacional de Normalização em Hemotologia (Beutler, et al., 1979) para o rastreio em massa da deficiência da enzima G-6-PD. O método é muito simples e pode ser facilmente realizado no Centro de Saúde Primário (PHC) ou no campo, com a ajuda de:

a) Uma pequena câmara fluorescente (Fig. 10) que pode ser operada quer por electricidade *quer* por bateria e que pode ser facilmente transportada para o campo; e

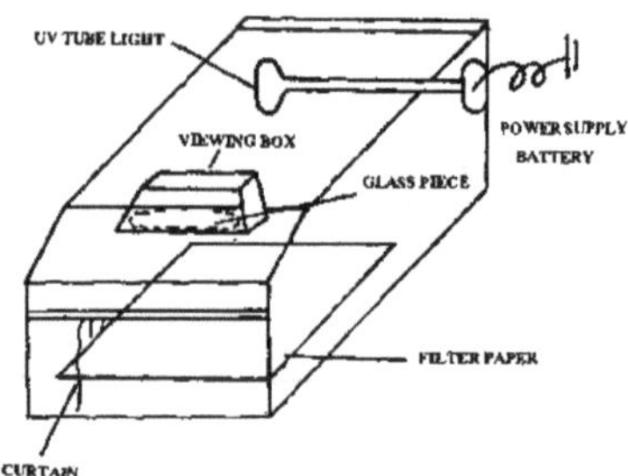

Fig. 10 Câmara Fluorescente

b)Alguns reagentes de teste.

Preparação e armazenamento do Reagente -

Glucose-6-P, sal de sódio, 10 mmol/I 200 pl

NADP, 7,5 mmol/I100pl

Saponin (Sigma), lOg/I200pl

Tampão Tris-HCL, 750 mmol/I,pH 7,8 300 pl

Glutatião oxidado, 8 mm 01/1100pl

H2O100pl

O reagente de teste é bastante estável quando congelado(-20°C) (2 anos.) refrigerado (4°C) (2 meses). A incorporação de azida Ig/L de sódio no reagente não prejudica as suas propriedades e isto pode ser útil quando o reagente deve ser transportado à temperatura ambiente, particularmente, em climas tropicais.

Realização do Teste

O procedimento é específico e pode ser realizado com sangue armazenado. Resultados fiáveis podem ser obtidos com sangue armazenado durante 21 dias a 4°C ou 5 dias a 25°C. O sangue utilizado para o teste pode ser anticoagulado em EDTA, heparina, ácido citrato-dextrose ou citrato-fosfato-dextrose.

A mistura (sangue + reagente)é então manchada em papel de filtro Whatman No.1, deixa-se secar e é depois examinada visualmente sob luz UV de ondas longas.

Interpretação dos resultados dos testes
As amostras normais fluorescem de forma brilhante, enquanto as amostras deficientes mostram pouca ou nenhuma fluorescência. As amostras de heterozigotos mostram graus intermédios de fluorescência.

Controlos
Um controlo positivo (deficiente) pode ser simulado através da mistura de uma amostra de sangue normal com reagente e mancha imediatamente no papel de filtro. É mais desejável, contudo, identificar dadores conhecidos com deficiência de G-6-PD e dadores normais com cada lote de teste a ser realizado.

4.3.3 Distribuição da Deficiência do G-6-PD na Índia
Investigações na Índia demonstraram que a deficiência do G-6-PD existe em frequências consideráveis e variáveis em diferentes regiões. Os factores responsáveis pela manutenção do gene na Índia são, em grande parte, indefinidos. A distribuição da deficiência demonstrou estar ligada à prevalência da malária falciparum - foi sugerido que a deficiência de G-6-PD confere alguma resistência à malária falciparum, o que estimulou inquéritos em várias populações sob diferentes cenários ecológicos.

Dados comparativamente grandes têm-se acumulado na Índia Ocidental. Existe uma heterogeneidade considerável na deficiência do G-6-PD nesta região. Altas frequências de deficiências de G-6-PD têm sido relatadas por diferentes trabalhadores entre Parsis de Maharashtra i.e. 19 por cento, 17,3 por cento, 15,7 por cento, 12,3 por cento, respectivamente. (Baxi, et al., 1961,1963, 1969, 1985; Kate, et al., 1974, 1978, 1980, 1983; Undevia, 1973). Estas diferenças podem dever-se a diferentes métodos utilizados, à não normalização das técnicas e à dimensão da amostra. Entre os Sindhis de Maharashtra (Agarwal, et al., 1974), foi relatada uma frequência muito elevada de 20 por cento de deficiência de G-6-PD. Gonds of Nagpur também apresentam uma frequência elevada (17,30%) (Solanki, et al., 1967) (Fig. 11).

Basu, et al., (1989) enquanto realizavam investigações intensivas entre os diferentes grupos tribais Bastar do Madhya Pradesh e o primitivo grupo tribal Kutia Kondh do distrito de Phulbani, Orissa encontrou deficiência de G-6-PD (utilizando teste de sopro fluorescente) em frequências variáveis. Foi encontrada uma frequência bastante elevada de deficiência de G-6-PD entre os 13hattras (19%), seguidos por Marias (17%), Ghotul Murias (13%), Halbas (12%), Murias (10%) grupos tribais do distrito de Bastar, Madhya Pradesh. O primitivo grupo tribal Kutia Kondh do distrito de Phulbani, Orissa mostrou uma deficiência de G-6-PD de 13,71% em machos e 1,84% em fêmeas.

É ainda observado que a deficiência de G-6-PD ocorre em alta frequência entre várias tribos e castas programadas de Madhya Pradesh, Maharashtra, Assam e Rajasthan. Há pelo menos oito tribos (Relatório Técnico DST, 1990) entre as quais as taxas de prevalência excedem os 15%. Estas são:

a. Mikir (15,7%) e Rabha (15,5%) de Assam.

b. Warli (19,6%) de Gujarat.

c. Gond (14,5%), Maria (21,3%) de Madhya Pradesh.

d. Warli (17%) de Maharashtra

e. Bhil (16,3%) de Rajasthan.

f. Santhal (14,1%) de Bengala Ocidental

Com base nas taxas de prevalência em várias populações, estima-se que cerca de 30 lakh machos são deficientes para esta importante enzima de eritrócitos. Cerca de 13 l akh s G-6-PD
deficientes estão presentes apenas na população tribal.

Foi notificada uma elevada incidência de 14,0 por cento de deficiência de G-6-PD entre os tribais em Thailavaram no Andhra Pradesh, enquanto outros estudos realizados em Tamil Nadu, Kerala, Karnataka exibiram baixas frequências. (Meera Khan, 1964). A frequência do gene Gd em bengalés tem demonstrado ser de cerca de 5%.

Uttar Pradesh apresenta um quadro heterogéneo de deficiência enzimática em que foram relatadas diferenças intra-grupos entre Brahmins e não-Brahmins (Dube and Dube, 1972). Foi relatada uma frequência muito elevada de deficiência enzimática (30%) entre os doentes Sindhi de Agra. (Kalra, *et al.,* 1973). Um grupo de Punjabi (Khatris) apresenta 14% de deficiência enzimática (Baxi, 1974).

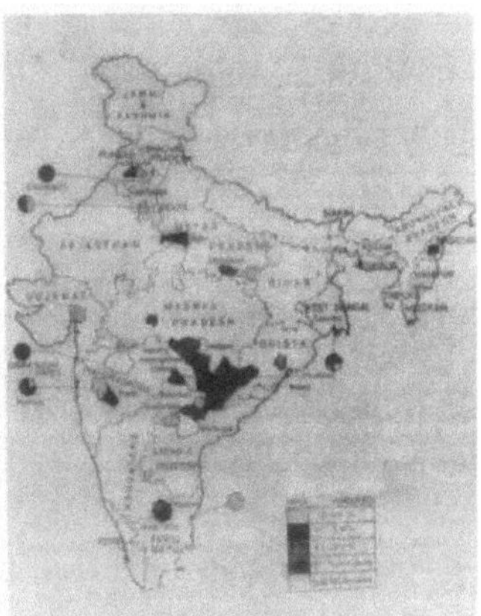

Fig. 11 Mapa que mostra a distribuição da Deficiência de Enzimas G-6-PD na Índia

4.3.4 Gestão da Deficiência Enzimática G-6-PD:

Os episódios hemolíticos induzidos pela droga podem ser evitados, evitando a droga. Uma boa higiene e um tratamento imediato de qualquer infecção reduziriam provavelmente os episódios desencadeados pela infecção. O rastreio em massa da deficiência de G-6-PD deve ser realizado para que tais indivíduos sensíveis sejam detectados e a sensibilidade ao fármaco em tais pessoas deve ser avaliada. Foi observado que nem todas as pessoas com deficiência de G-6-PD sofrem dos efeitos deletérios dos fármacos.

4.4 Outras Enzimas: (Pyruvate Kinase, Hexokinase, Adenylate Kinase):

Estas são algumas enzimas importantes que têm muita relevância para a saúde da população. Pyruvate Kinase é uma enzima importante da via glicolítica - a deficiência que resulta na diminuição da esperança de vida dos eritrócitos e subsequente anemia hemolítica crónica. O método das manchas fluorescentes (Beutler, 1977) é utilizado para o seu rastreio. Os indivíduos deficientes de Pyruvate Kinase (PK) eram aparentemente normais, mas queixavam-se de fraqueza e letargia.

Hexokinase e Adenylate Kinase são duas outras enzimas importantes dos eritrócitos que desempenham um papel significativo na redução do tempo de vida dos eritrócitos. Foram notificados casos ligeiros a graves de anemia hemolítica, nos indivíduos deficientes.

O método das manchas fluorescentes (Valentine, et al., 1967) é utilizado para o rastreio dos indivíduos com deficiência. Basu, et al., (1986) enquanto investigavam grupos tribais Bastar encontraram 7 casos de deficiência de Hexokinase e 3 casos de deficiência de Adenylate Kinase. A incidência destas perturbações e o seu impacto na mortalidade pode ser mais claramente discernível no caso de uma vigilância rigorosa da mortalidade infantil e infantil ser aumentada.

4.5 Estratégias de Gestão de Hemoglobinopatias e Distúrbios Aliados:

Observa-se assim que as hemoglobinopatias e doenças aliadas são predominantes em grupos populacionais indianos com frequência variável. Contudo, as perturbações mais comuns com profundo impacto nos cuidados de saúde são: a. doenças falciformes e b. deficiência de G-6-PD que requerem atenção imediata para a promulgação de cuidados de saúde preventivos e promocionais (Relatório Técnico DST,1990).

Passos para estratégias de gestão

1. Rastreio da população

Técnicas simples, relativamente baratas e rápidas estão agora disponíveis e já foram discutidas anteriormente para a detecção de doença e deficiência de G-6-PD entre a população. Por exemplo, Daland and Castle (1948) método de rastreio de rotina (teste de lâmina) (doente) e teste de ponto fluorescente (Beutler, 1966) (uma pequena câmara fluorescente, operada por bateria) (G-6-PD) podem ser utilizados em condições de campo para programa de rastreio em massa entre populações/áreas de alto risco para detectar pessoas afligidas.

Um cartão de saúde pode ser desenvolvido e mantido com o indivíduo mostrando o estado de doente, G-6-PD e outras informações relacionadas com a saúde. A formação necessária deve ser transmitida à pessoa, para que esta mostre o cartão de saúde a médicos/funcionários paramédicos, trabalhadores do Programa Nacional de Erradicação da Malária (NMEP) enquanto recebe tratamento para qualquer doença em particular a malária.

2. Criação de Instalações de Laboratório

Será necessário criar laboratórios e/ou fornecer instalações laboratoriais em hospitais/universidades médicas/instituições de investigação distritais e a cada PHC em áreas afectadas para a detecção das doenças genéticas. Instalações laboratoriais pouco dispendiosas para o rastreio em massa, como o teste de lâminas (para o teste de doença e teste do ponto fluorescente (para G-6-PD) podem ser criadas a nível de

Centro de Saúde Primário (PHC), ao passo que testes de confirmação relativamente mais dispendiosos (como a electroforese podem ser criados a nível de hospitais distritais, faculdades de medicina/institutos de investigação.

3. Planeamento e Organização da Formação de Mão-de-Obra

Os trabalhadores do NMEP, nível de pessoal médico, nível de técnico precisam de ser devidamente formados para a detecção de doentes e G-6-PD e para a sensibilização em relação aos riscos de saúde por institutos/centros adequados no distrito/áreas em questão.

4. Gerar Consciência entre as Pessoas

Audiovisuais, AIR, Doordarshan, Folhetos da Divisão de Filmes, Brochuras, etc. podem ser utilizados para sensibilizar as pessoas para as doenças genéticas, (fazer e não fazer) e para as suas implicações para a saúde.

5. Curriculum escolar e universitário

O currículo escolar e universitário de ciências biológicas deve incluir material adequado sobre doenças genéticas em geral e doenças falciformes e G-6-PD em particular na transmissão de conhecimentos, gerando consciencialização entre os estudantes.

5. 0 Marcadores Genéticos, Hemoglobinopatias e Paludismo:

O ressurgimento mundial da incidência do parasita do paludismo renovou o interesse dos investigadores em estudar os vários factores que regem o sustento do paludismo e a sua manifestação clínica.

Constatou-se que vários parâmetros genéticos humanos proporcionam uma vantagem contra o parasita malarial, ou seja, reduzem a susceptibilidade dos eritrócitos à invasão pelo parasita malarial e até agora nenhum foi implicado no aumento da susceptibilidade (Sharma, 1985, Ghosh, 1984). O parâmetro mais investigado é o traço de célula falciforme (Allison, 1954, etc.). Tem sido relatado que a hemoglobina falciforme (HbS) fornece protecção contra a infestação por Plasmodium falciparum. A correlação entre hemoglobina S (HbS) e malária foi notada por Neel (1956), Lehmann e Huntsman (1966), etc. O primeiro relatório sobre a vantagem do gene da hemoglobina S (HbS) para a malária em amostra indiana foi publicado em Mahars of

Aurangabad (Sharma, et al., 1974).

Motulsky (1960) observou que existe uma correlação entre a elevada frequência da deficiência de G- 6-PD com a endemia malária) Sabe-se que a Primaquina 8-aminoquinolina produz a hemólise em glóbulos vermelhos deficientes em G-6-PD. Este medicamento é administrado como agente gametocitocida na infecção por Plasmodium falciparum. A sua administração a todos os casos de paludismo pode resultar em complicações graves e pode ser fatal. Por conseguinte, é importante conhecer o historial genético das populações/grupos étnicos antes de recomendar uma programação de dosagem (Sharma,1985).

De acordo com Martin e Miller (1978), a enzima Pyridoxal Kinase inibe o crescimento de Plasmodium falciparum. Até à data, praticamente nenhum estudo está disponível sobre esta enzima, em populações indianas. Juntamente com esta enzima, outras enzimas dos glóbulos vermelhos como a Fosfatase Ácida, Fosfoglucomutase (PGM), Glutationa Reductase (GR) etc. mostraram correlação com a malária. Vários estudos realizados anteriormente sobre sistemas de grupos sanguíneos ABO e malária não revelaram resultados conclusivos. Num estudo realizado em Deli, verificou-se que a malária era frequente em indivíduos do grupo sanguíneo "A" (Gupta e Chaudhary, 1980), outro estudo mostrou que o grupo sanguíneo "B" era mais frequente nos casos positivos de malária (MRC 1983-84, Relatório Anual).

Foi proposto que os eritrócitos Duffy negativos (Fya-Fyn) são refractários à invasão Plasmodium vivax devido à ausência de receptores específicos na membrana dos eritrócitos que possivelmente ajudam na entrada de merozoítos (Frank,1984).

Paludismo e Anticorpos
Tem sido relatado que existe uma relação positiva entre o nível de experiência da malária na comunidade e a taxa de aquisição de anticorpos (Valler e Brace- Chwatt, 1968). Um inquérito realizado por Gardiner (1984) no Sul do Gana mostrou uma baixa taxa de parasitas (1,6%) e correspondentes títulos baixos de anticorpos contra o paludismo numa população significativa da comunidade urbana, particularmente em crianças com menos de 10 anos de idade.

O primeiro relatório de anticorpos de subclasse de imunoglobulina G (IgG) na malária vem de um estudo de Wilson e McGregor (1973). Nos EUA, as alterações na concentração sérica de imunoglobulina G (IgG) e imunoglobulina M (IgM), imunoglobulina A (IgA) e imunoglobulina D (IgD) foram estudadas antes, durante e após a infecção malária em voluntários humanos. Notou-se que com o início da parasitemia, os níveis de IgG e IgM aumentaram. Num estudo da Gâmbia sobre IgG, IgM, IgA e IgD, observou-se que IgA e IgD não mostraram qualquer relação com a malária. Ganguly, et al. (1980) encontraram níveis mais elevados de IgG e IgM em doentes com infecção por plasmodium vivax. Gopal, et al. (1987) mostraram queda em IgM e aumento no título de anticorpos antimaláricos IgG em amostras emparelhadas recolhidas num intervalo de quatro semanas.

6.0 Consanguinidade e Transtornos Genéticos:

A Índia é caracterizada pela presença de um grande número de castas endogâmicas, tribos e comunidades religiosas seguindo diferentes práticas matrimoniais. O padrão de casamentos na Índia é amplamente regido por três importantes regulamentos, nomeadamente (a) Endogamia (casar dentro do grupo), (b) Exogamia (casar fora), e (c) Casamentos consanguíneos ou sapienciais (casamentos entre indivíduos relacionados). A regulação dos casamentos consanguíneos não permite casamentos entre dois indivíduos relacionados através de um antepassado masculino comum até à 7ª geração do lado do pai e 5ª geração do lado da mãe.

Existe uma diferença básica entre o Norte e o Sul no que diz respeito aos regulamentos linguísticos e matrimoniais. A língua no Norte da Índia é indo-ariana e a regulamentação consanguínea tem sido observada a ser aplicada com grande rigidez. Mas no Sul, entre os Estados de Andhra Pradesh, Kerala, Tamil Nadu e Karnataka, a língua é dravidiana e, de acordo com o costume dominante, tem havido uma grande preferência por casamentos consanguíneos. Também se verificou uma maior frequência de casamentos consanguíneos entre grupos muçulmanos, parseis e várias comunidades tribais. Um acasalamento consanguíneo é entre dois indivíduos que têm um ou mais antepassados comuns (Fig. 10).

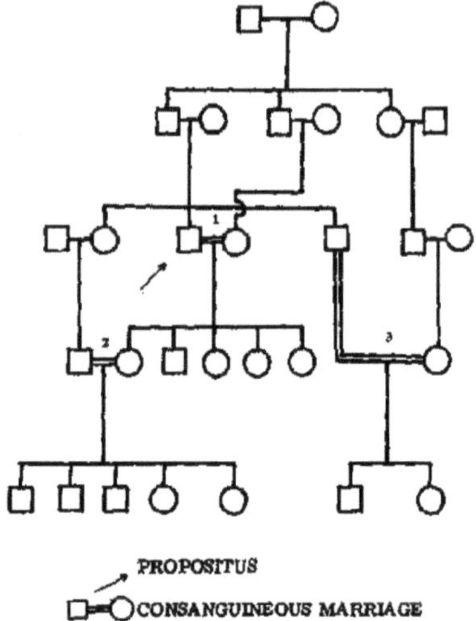

1. CASAMENTO PARALELO DE PRIMOS
2. CASAMENTO ENTRE PRIMOS CRUZADOS
3. PRIMO EM PRIMEIRO GRAU - UMA VEZ REMOVIDO

Fig. 12; Uma Genealogia mostrando casamentos consanguíneos

A probabilidade de os cônjuges terem os mesmos genes é consideravelmente aumentada em estreita consanguinidade. A consanguinidade tende a trazer para alelos recessivos abertos presentes em portadores heterozigóticos. Muitas características nocivas são recessivas e, portanto, são mais prováveis de aparecerem nos filhos dos pais que estão intimamente relacionados.

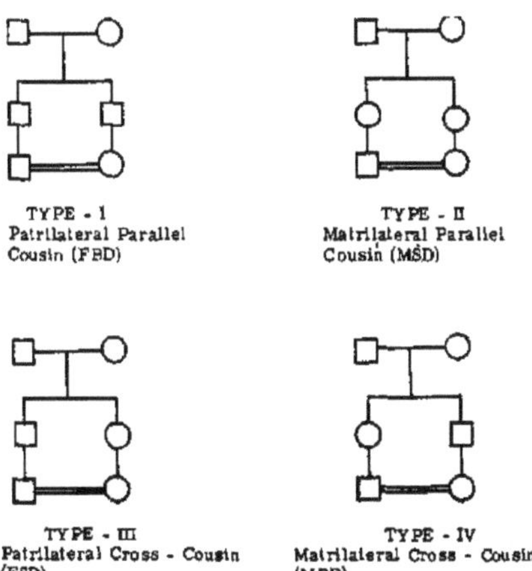

Fig. 13: Tipos de casamentos de primos em primeiro grau

Muitas doenças raras controladas por alelos recessivos foram ou só podem ser descobertas através de casamentos consanguíneos. Indivíduos com raras características autossómicas recessivas ou ligadas ao sexo são frequentemente o resultado do acasalamento consanguíneo. Investigações da relação entre casamentos consanguíneos e a ocorrência de doenças na descendência dão informações precisas sobre o modo de herança recessivo. A probabilidade de anomalias ou mortes embrionárias por genes recessivos na progenitura de casamentos consanguíneos é muito maior do que nos casamentos não relacionados. Por exemplo, frequências mais elevadas de abortos, abortos, nados-mortos, mortes neonatais, aumento do risco de doença, susceptibilidade a doenças infecciosas, mortes infantis e juvenis, defeitos físicos e mentais estão geralmente directamente correlacionados com os vários graus de consanguinidade. Isto torna-se óbvio quando se compara a descendência dos casamentos consanguíneos e não consanguíneos.

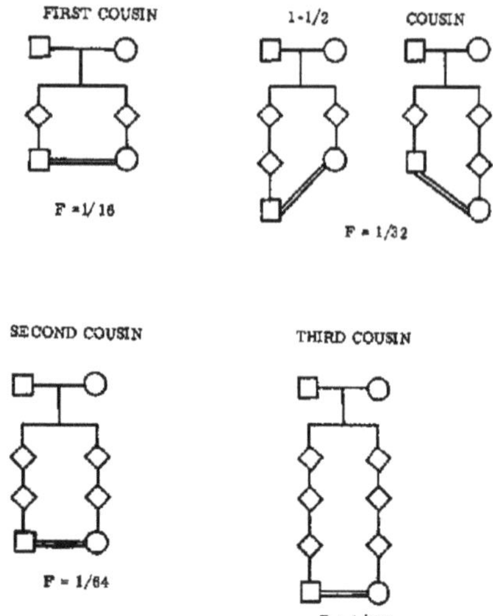

Fig. 14: Tipos de casamentos consanguíneos

É, portanto, importante que se façam esforços para avaliar a taxa de consanguinidade e o seu efeito na fertilidade, mortalidade e morbilidade que, por sua vez, fornecerão directrizes na determinação da natureza e extensão dos programas de cuidados de saúde nas comunidades consanguíneas.

6.1 Prevalência de casamentos consanguíneos na Índia:

Na Índia, há uma maior incidência de casamentos consanguíneos que levam a um elevado grau de consanguinidade, um paralelo do qual não se encontra em qualquer parte do mundo. Localizações geográficas, disponibilidade de companheiros, vários factores socioeconómicos como dote, terra, propriedade, relação interpessoal entre uma nova noiva e a sua sogra e sanções religiosas são os principais factores responsáveis pela prática da consanguinidade.

As populações dos Estados do Sul da Índia, ou seja, Andhra Pradesh (Sanghvi, 1966), Dronamraju e Meera Khan (1961), Tamil Nadu (Rao 1978), Karnataka e Maharashtra são únicas na ocorrência de uma frequência bastante elevada de casamentos consanguíneos. A alta frequência de consanguinidade também tem sido relatada entre os muçulmanos de Deli e Lucknow (Basu, 1978), Bengala Ocidental (Huq, 1976) e Dawoodi Bohras de Udaipur (Basu, 1978), castas e tribos programadas de Madhya Pradesh (Goswami, 1970 a) (Fig.15). A magnitude do efeito de consanguinidade é melhor medida pela frequência dos casamentos entre primos numa população. Uma revisão detalhada da incidência de casamentos consanguíneos na Índia foi feita por Chakravarti (1968), Basu (1971) e Roychoudhury (1976).

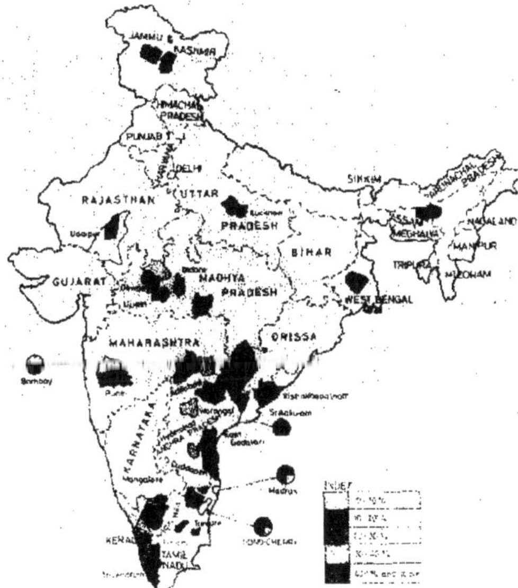

Fig. 15 Mapa que mostra a distribuição da Consanguinidade na Índia

6.2 Efeitos da Consanguinidade:

O principal efeito dos casamentos consanguíneos é reduzir a frequência dos heterozigotos na população e aumentar os homozigotos. O efeito da consanguinidade é mais pronunciado nos homozigotos, que são determinados por genes muito raros. Tem-se observado que os estudos sobre consanguinidade têm-se limitado em grande parte à investigação dos atributos da descendência dos casamentos consanguíneos, que podem ser denominados "Efeitos da Consanguinidade Parental". Existem poucos dados disponíveis (Schull, et al, 1970) sobre as características dos filhos nascidos de pais que são eles próprios o produto de um casamento consanguíneo - isto pode ser denominado "Efeitos da Consanguinidade". É essencial colocar ênfase tanto na consanguinidade parental como na consanguinidade, para que se possa obter um quadro total dos efeitos da homozigocidade. O estudo detalhado dos efeitos da consanguinidade também permitiria uma restrição voluntária da procriação por casais que tenham sido considerados portadores de graves defeitos hereditários. Para além de estudos da etiologia das várias doenças e defeitos, os casamentos consanguíneos, especialmente os casamentos de primos, poderiam ser utilizados na tentativa de resolver problemas genéticos básicos como componentes da carga genética, cálculo das taxas de mutação humana, etc. Além disso, tais estudos dos casamentos contribuiriam para a compreensão da sociologia, antropologia e demografia da população. Contudo, o nosso conhecimento na Índia sobre os efeitos da consanguinidade é terrivelmente inadequado. Nas páginas seguintes, foi feita uma tentativa de avaliar criticamente as várias dimensões dos efeitos da consanguinidade parental, tal como recolhidas a partir dos estudos disponíveis na Índia.

Efeitos da Consangüinidade Parental
Desempenho Reprodutivo:
Ao estudar a enumeração de gravidez por gravidez do desempenho reprodutivo de 718 Bohra, 267 Sayyad Shias, 296 Sheikh Sunni mães muçulmanas que completaram os seus ciclos de vida reprodutiva, Basu (1975, 1978a) observou (a) nenhum efeito significativo da consanguinidade na idade menarqueal, duração do ciclo, duração da hemorragia e da menopausa, (b) contudo, as mães consanguíneas apresentaram uma maior gravidez e uma média de nascimentos vivos tanto entre Sayyad Shias como entre Sheikh Sunnis, mas não se notou muita diferença nas mães Bohra, (c) verificou-se que a frequência de casais sem filhos estava restrita apenas aos acasalamentos xiitas e sunitas não consanguíneos, e (d) a fertilidade líquida resultante do total de nascimentos vivos menos mortes não acidentais antes dos 21 anos de vida foi reduzida entre as mães consanguíneas dos três grupos (Sayyad Shias, Sheikh Sunnis e Bohras) em comparação com as mães não consanguíneas.

Do mesmo modo, foi observado um aumento da fertilidade nos casamentos consanguíneos por Mukherjee e Bhaskar, 1974 entre a população do distrito de Chittoor, Hyderabad; Rao e Mukherjee, 1975; Reddy e Rao, 1978, entre a população Pattusai de Tirupati; Rao e Reddy, 1977 entre os Yadavas de Kavali taluka, distrito de Nellore (Sul de Andhra Pradesh); Puri e Verma, 1978 entre a população de Pondicherry; Reddy, 1978 entre a população Mala e Kapu de Sulurpet taluka, distrito de Nellore, Reddy e Rao, 1978, pescadoras de Pallepalam no distrito de Nellore; Rao e Inbaraj, 1979 entre a população rural e urbana do distrito de Arcot Norte, Tamil Nadu.

Mas não foram observadas diferenças significativas sobre o efeito da consanguinidade na fertilidade entre casamentos consanguíneos e não consanguíneos por Prema, et al. 1978 entre os dados hospitalares de Pondicherry.

Pelo contrário, observou-se uma menor fertilidade nos casamentos consanguíneos por Reddy e Naidu, 1978 entre as mulheres Gampasati Kama do distrito de Chittoor,

Andhra Pradesh e por Afzal e Sinha, 1982 entre os muçulmanos Ansari rurais e urbanos de Bihar.

Mortalidade

Verificou-se que a consanguinidade parental exercia um efeito deletério significativo na viabilidade dos fetos devido à homozigotos para genes sub-letais entre os grupos muçulmanos (Basu, 1975, 1978 a). Verificou-se que a frequência do desperdício reprodutivo (abortos, abortos e nados-mortos) e a mortalidade pré-reprodutiva (mortes neonatais, mortes infantis, mortes juvenis) foi significativamente aumentada entre as mães muçulmanas consanguíneas.

Efeito semelhante de consanguinidade no desperdício reprodutivo e mortalidade pré-reprodutiva foi observado por vários cientistas i.e. Kumar, et al, 1967, dados hospitalares de Ernakulam, Quilon e Trivandrum em Kerala; M"rty e Jamil,1972, dados hospitalares de Hyderabad; Chakraborty e Chakravarti, 1975, população de Bombaim; Rao e Mukherjee, 1975, Reddy e Rao, 1978, população de Tirupati; Rao e Reddy, 1977, Yadavas de Kavali taluka, distrito de Nellore, Reddy, 1978, fêmeas de Mala e Kapu de Sulurpet taluka, distrito de Nellore; Reddy e Rao, 1978, pescadoras de Pallepalam no distrito de Nellore; Rao e Inbaraj, 1977, população rural e urbana do distrito de North Arcot, Tamil Nadu; Prema, et al.,1978, Puri e Verma, 1978, amostra urbana de Pondicherry; Reddy e Naidu, 1978, Gampasati Kama mulheres do distrito de Chittoor, Andhra Pradesh.

Mas alguns cientistas não observaram um efeito perceptível da consanguinidade na mortalidade, ou seja, Jacob e Jayabal, 1971, população Vellore, Tamil Nadu; Ghosh e Majumdar, 1979, população tribal Kota de Nilgiri Hills, Tamil Nadu.

Malformações congénitas

Foram estudadas malformações congénitas maiores e algumas malformações congénitas menores e, em geral, a incidência foi maior entre os descendentes de casamentos consanguíneos em comparação com os não relacionados por diferentes cientistas, ou seja Center wall e Center wall, 1966, dados hospitalares de Vellore, Tamil Nadu; Murty e Jamil, 1972, dados hospitalares de Hyderabad, Stevenson, et al. , 1966, dados hospitalares de Bombaim e Calcutá; Chakraborty e Chakravarti, 1975, estudo prospectivo de nascimentos isolados de um hospital de Bombaim; Puri, et al, 1978, amostra urbana de Pondicherry; Reddy e Rao, 1978, pescadoras de Pallepalam no distrito de Nellore e Pattusalis de Tirupati.

No entanto, Sanghvi (1974) durante o seu estudo prospectivo de nascimentos solteiros de um hospital de Bombaim não encontrou diferenças significativas na taxa de malformação congénita entre descendentes consanguíneos e não consanguíneos. Da mesma forma, Rao e Inbaraj (1977) durante o seu estudo prospectivo da população rural e urbana de North Arcot em Tamil Nadu não observaram diferenças significativas *na* incidência de malformações congénitas entre acasalamentos consanguíneos e não consanguíneos.

Morbidez

Observou-se uma maior incidência de retinite pigmentoSa, síndrome de usher, miopia e hipertensão entre a descendência de Shia Dawoodi Bohras muçulmanos consanguíneos do Rajastão (Basu, 1978a).

Dronamraju e Khan (1961) encontraram um efeito significativo de consanguinidade na tuberculose entre os doentes hospitalares de Andhra Pradesh.

Sanghvi (1966) registou uma maior incidência de Albinismo, Ictiose Congénita, Idiocidade Amaurótica nos filhos dos casamentos de primos de primeiro grau.

Do mesmo modo, Puri, et al. (1978) notaram uma maior frequência de Infecção Respiratória, Retardamento Mental, Ictiose Congénita, Síndrome de Hurler, Albinismo, Síndrome de Laurence Moon-Biedl, Xeroderma Pigmentosu m entre os descendentes de famílias consanguíneas em Pondicherry.

Verificou-se um aumento do atraso mental nas crianças de acasalamentos consanguíneos nos dados hospitalares de Bangalore (Narayanan e Rao, 1978) e também entre os Pattusalis de Tirupati (Reddy e Rao, 1978).

Carga Genética

A aptidão média de uma população é reduzida pela deterioração ou morte causada pelo aumento da homozigosidade dos genes recessivos devido à consanguinidade. A quantidade de redução da aptidão média é medida pela carga genética. O número de letais recessivos e genes prejudiciais nos casamentos consanguíneos dá o tamanho da carga genética. A carga genética, calculada com base na mortalidade, morbilidade e malformação congénita, foi diferente nas populações indianas. Kumar, et al. (1967) estimaram a carga genética média de mortalidade que um recém-nascido em Kerala transporta entre 6-8 equivalentes letais de perzygote. Mas Murty e Jamil (1972) estimaram a carga genética média de mortalidade que um recém-nascido em Hyderabad transporta como 2 equivalentes letais por zigoto.

Chakraborty e Chakravarti (1975) estimaram o número de equivalentes letais por zigoto em 1,13 para mortalidade precoce, morbilidade e grande malformação congénita em Bombaim.

Ghosh e Majumdar (1979) calcularam a carga genética da mortalidade pré-natal, infantil e adolescente entre as tribos Kota de Nilgiri Hills como sendo cerca de um equivalente letal por gameta.

Basu (1993) estimou a carga genética para o desperdício reprodutivo total em cerca de 1,57 equivalentes letais por zigoto para os muçulmanos Sayyad Shias e 1,08 equivalentes letais por zigoto entre os muçulmanos Shia Dawoodi Bohras.

Crescimento e Desenvolvimento

O efeito da consanguinidade parental no crescimento e desenvolvimento, como é evidente a partir de medições antropométricas, foi estudado por diferentes cientistas. Basu (197814 observou que entre as crianças muçulmanas Bohra, o surto de crescimento foi atrasado entre os rapazes de parentesco consanguíneo, enquanto que as raparigas Bohra não mostraram tais diferenças no surto de crescimento. A depressão consanguínea em estatura foi observada entre as raparigas do grupo consanguíneo de 15-17 anos de idade. O efeito da consanguinidade foi observado com respeito à altura e circunferência do peito entre os rapazes de Bohra. Mas o comprimento da cabeça, a largura da cabeça, a circunferência da cabeça e o peso do corpo não mostraram quaisquer diferenças significativas.

Reddy, et al., (1981) encontraram valores médios ligeiramente inferiores para a estatura, altura, comprimento da cabeça e largura da cabeça amongh consanguíneo masculino Brahmins do distrito de East Godavari, Andhra Pradesh.

Paddiah (1981) registou diferenças estatisticamente significativas entre recém-nascidos consanguíneos e não consanguíneos (tanto masculinos como femininos) dos hospitais governamentais, Vishakhapatnam, Andhra Pradesh no que diz respeito ao peso, altura, circunferência do peito, circunferência da barriga da perna e circunferência da cabeça.

No entanto, Rao (1976) não observou qualquer efeito significativo da consanguinidade no peso, comprimento do corpo, circunferência da cabeça e circunferência do peito entre os recém-nascidos de North Arcot, Tamil Nadu.

Ao rever o efeito da consanguinidade em vários aspectos, pode verificar-se que os resultados, tal como relatados por diferentes autores, não são uniformes. Os resultados contraditórios dos últimos anos exigiram inquéritos mais cuidadosos e planeados para estudar o efeito da consanguinidade e podem dever-se (a) ao estudo hospitalar em vez da população em geral, (b) à não manutenção de uma abordagem genealógica com controlos adequados não consanguíneos do mesmo grupo étnico socioeconómico, (c) à recolha de dados através de técnicas retrospectivas em vez de inquéritos prospectivos, (d) à variabilidade nas definições dos parâmetros considerados, e (e) à história diferente da consanguinidade.

A história da consanguinidade pode ser diferente para cada grupo populacional em estudo e, por conseguinte, a generalização pode não ser válida. A história da consanguinidade num grupo populacional acaba por decidir a taxa de eliminação dos genes deletérios (Sanghvi, 1978).

É, portanto, necessário considerar tanto a extensão como a duração da prática da consanguinidade, de modo a discernir os efeitos a curto e longo prazo, que acabarão por ajudar a compreender o peso dos genes deletérios recessivos (Basu, 1985).

7.0 Cegueira das cores

O termo cegueira de cor é normalmente aplicado àqueles que não conseguem perceber as cores. O tipo de cegueira de cor mais comumente observado é a cegueira vermelha/verde, em que todo o espectro é visto num tom de amarelo/azul. A cegueira de cor vermelha/verde foi reconhecida já no século XVIII e continua a ser um exemplo padrão de herança recessiva ligada ao sexo no homem.

7.1 Tipos

Uma pessoa com visão normal necessitará de um rácio de intensidade particular de vermelho, verde, azul para ver "Branco" - ele é um Trichromat Normal. Algumas pessoas, contudo, precisam de mais de uma das cores primárias e menos das outras duas - estas são Trichromat Anomalous (Curtstern, 1973). A visão cromática normal baseia-se na presença de três tipos de pigmentos de visão cromática na retina: vermelho, verde e azul. Os tricromatos anómalos também têm três desses pigmentos, mas um deles é reduzido em quantidade e deslocado em espectro. Algumas pessoas precisam apenas de duas primárias para ver "Branco - estes são dicromatos.

Os indivíduos normais e aqueles com defeitos de visão da cor vermelha ou verde, podem ser classificados como:

a. Tricromatos normais (visão cromática normal)
b. Grupo protanoide
    i. tricromatas anómalos que podem ver vermelho (protanomalia) ii. dicromatas que
    não podem ver vermelho (protanopia).

c. Deuteranoid
    i. tricromatos anómalos que não conseguem ver verde
    (dicromatos deuteranópicos ii. que não conseguem ver^{Daltónico}
    verde (deuteranopia).

Muito poucas pessoas são totalmente daltónicas. Podem combinar uma luz branca
com apenas uma cor primária, estes monocromatas ou acromatas não percebem
nenhuma tonalidade e vêem apenas branco ou cinzento. Os monocromatas não têm
cones ou têm cones defeituosos. A cegueira total da cor é uma condição autossómica
recessiva muito rara.

Gráficos de confusão de cores, tais como o conjunto Ishihara, são normalmente
utilizados para o rastreio de um grande número de pessoas, uma vez que foram
considerados convenientes para o rastreio de defeitos de cor vermelha e verde em
condições de campo. Tem sido salientado pelos peritos no campo da visão a cores
que um diagnóstico preciso só pode ser alcançado através da utilização de um
anomaloscópio.

7.2 Distribuição na Índia
A taxa de prevalência da cegueira cromática foi considerada mais elevada na Índia
Ocidental, seguida da Índia do Sul, Norte, Central e Oriental. Além disso, a visão
cromática defeituosa tem sido observada como mais elevada nas pessoas
culturalmente avançadas (10%) e mais baixa nas pessoas culturalmente primitivas
(1,06%).

    Chitpavan Brahmins8   ,58% Bombaim, Poona
    Vadanagar Brahmins :   10,00% Wardha
     Chenchus (Grupo Tribal) 1,06% Distrito de Guntur (Recolhedores de
alimentos)

7.3 Visão Colorida Defeituosa e Doenças
Cruz Coke (1965) estudou a relação da cegueira cromática com algumas das doenças

comuns e a sua susceptibilidade. Foi descoberta uma associação altamente significativa entre a cegueira de cor e a cirrose hepática. Cruz-Coke salientou que esta associação pode sugerir que a doença do fígado tende a interferir com a formação do pigmento ocular necessário para a visão cromática. Foi encontrada uma associação semelhante entre a daltonismo e alcoolismo - por Cruz-Coke (1965). O elevado alcoolismo pode interferir c.-:a formação do pigmento cone. Mas muito pouco trabalho tem sido feito neste campo.

8.0 Erros Inatos Inatos do Metabolismo:

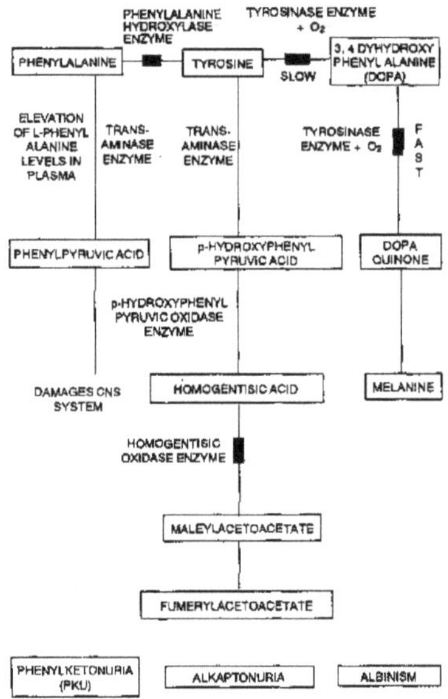

**Fig. 16: Erros Inatos Inatos do Metabolismo - Via Bioquímica
(Fenil Cetonúria, Alcaptonúria e Albinismo)**

As enzimas são proteínas, sintetizadas sob controlo genético, influenciam os processos metabólicos e assim alteram os produtos finais das reacções químicas que podem ser expressas no desenvolvimento do organismo adulto.

Sir Archibald Garrod sugeriu (1909) que todas as doenças hereditárias eram causadas por bloqueios metabólicos resultantes de uma anormalidade de certas enzimas específicas e defeitos enzimáticos eram responsáveis por muitos dos "erros inatos do metabolismo".

8.1 Fenilcetonúria

(Phenylpyruvic Oligophrenia) (PKU)

A fenilcetonúria é uma condição hereditária causada por um raro gene recessivo autossómico mutante. O bloco bioquímico é formado devido à ausência da enzima, 'fenilalanina hidroxilase' (Fig. 16). A condição é caracterizada por retardamento mental, microcefalia, cabelo claro, cor da pele e dos olhos, ácido fenilpirúvico na urina, diminuição do plasma e da entrada renal, elevação do L-ph enyl-al anin e I evel no plasma, não tão vigoroso como o normal.

Tratamento - Dieta de baixa fenilalanina composta por suplementos de Maçã, Banana, Couve, Cenoura, Tapioca, Amido de milho, Açúcar, Manteiga, Multi-vitaminas e Sulfato ferroso.

8.2 Alkaptonuria

É causado por um gene mutante raro, recessivo e autossómico. A condição é caracterizada por artrite, pigmentação das cartilagens, *e* escurecimento da urina causado pela presença de adição homogenética. O bloco bioquímico é formado pela ausência da enzima, "Homogenetisic Oxidase".

8.3 Albinismo

O albinismo é uma perturbação metabólica hereditária caracterizada por uma diminuição ou ausência de formação de melanina. O albinismo universal ou generalizado é causado por um autossoma recessivo, enquanto que o albinismo localizado é governado por um autossoma dominante. A enzima responsável pelo bloco bioquímico é a Tirosinase.

8.4 Galactosemia

A galactosemia é uma condição hereditária caracterizada por uma incapacidade de converter galactose em glicose de forma normal. Os bebés com esta condição parecem ser normais à nascença, mas após alguns dias de alimentação com leite, começam a vomitar, tornam-se letárgicos, não ganham peso e mostram aumento de fígado.

A galactosemia é transmitida como um autossómico recessivo. A enzima-chave galactose-1 - fosfato uridil transferase não é de todo sintetizada ou sintetizada defectivamente no corpo.

Tratamento: A retenção de todo o leite e produtos lácteos irá limpar todos os sintomas agudos e nenhum efeito a longo prazo resultará se a lactose ou galactose for retirada da dieta nas primeiras semanas de vida.

9.0 Aberrações cromossómicas

9.1 Cromossomas

Os cromossomas são estruturas semelhantes a fios, presentes no núcleo de cada célula (Fig.17).

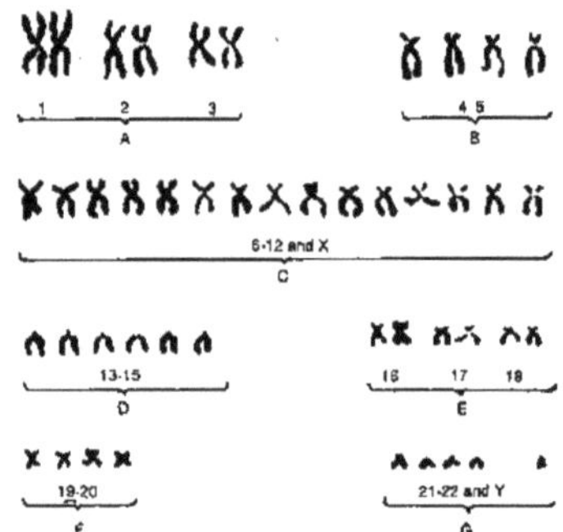

Os cromossomas são pequenos

Fig. 17: Cariótipo do Cromossoma Humano Masculino

corpos de vários tamanhos e formas localizados no núcleo celular e a sua aparência varia com o estado da actividade celular.

Os cromossomas (croma = cor, soma = corpo) são assim chamados porque absorvem facilmente a mancha de cor (Aceto-Orcein ou Feulgen), que o biólogo utiliza para distinguir mais claramente estes corpos. Os cromossomas foram descobertos por Hofmeister (1848) e o termo cromossoma foi introduzido por Waldeyer em 1888. No homem, existem 46 cromossomas em todas as células (Tilio, et al., 1956) e 23 na célula germinal (o óvulo ou o esperma).

O número de cromossomas na célula somática é chamado número diplóide (2N) e o número nas células germinais é o número haplóide (N). Os cromossomas ocorrem aos pares, um é obtido do pai e outro da mãe, 22 pares (ou 44) são chamados autossomas que são responsáveis pelo desenvolvimento dos órgãos do corpo excepto as glândulas reprodutivas e um par são cromossomas sexuais que desenvolvem órgãos sexuais.

As fêmeas normais têm 2X cromossomas (44+XX) e os machos normais têm um X e um Y (44+XY). Os cromossomas transportam os genes e desempenham um papel vital na transmissão de caracteres hereditários. Os cromossomas com genes ou alelos semelhantes são conhecidos como homólogos. Quimicamente, os cromossomas são constituídos por proteínas e adição nua, principalmente DNA. A teoria da natureza do cromossoma e do gene é que o cromossoma é constituído por longas cadeias de moléculas de ADN e que os genes são segmentos da cadeia.

9.1.1 Estrutura
O cromossoma metafásico é normalmente um corpo alongado (Fig.18) diferenciado em:
I. Pellicle

ii.   Cromonemata

iii.   Matriz

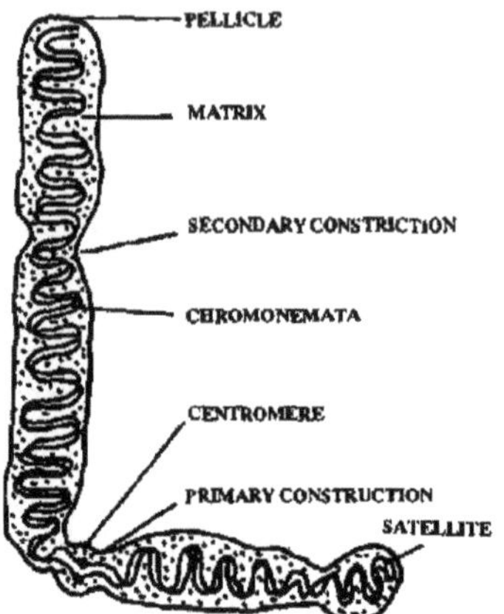

Fig. 18: Estrutura Morfológica do Cromossoma

Pellicle

O película é o revestimento mais exterior do cromossoma, excepcionalmente fino e diz-se que é formado de substância não-génica ou acromática.

Cromonemata

Cada cromossoma consiste em dois cromossomas idênticos enrolados em espiral, incorporados na matriz.

Os dois cromonematos têm cerca de 800A de espessura. Cada cromonema deve ter quase 8 micro-fibrilas de cerca de 60-100A de diâmetro. Cada micro-fibrilha é formada por duas hélices duplas de ADN. Um cromossoma, portanto, é formado por 32 hélices de ADN e um diâmetro de cerca de 1600k Os dois cromonematos de um cromossoma são unidos num ponto que é considerado como Centromere ou Kinetochore ou constrição primária (Fig.18). A posição de constrição primária é constante para um determinado tipo de cromossoma e forma uma característica de catiónica de identificação. O centrómero é a parte mais importante do cromossoma que proporciona a fixação às fibras do fuso durante a divisão celular e determina a forma do cromossoma.

O Kinetochore é uma figura acromática que aparece como uma constrição não manchada no cromossoma somático.

Os cromossomas podem ter constrição secundária num ou em ambos os braços e é muitas vezes conhecida como região organizadora nucleolar. É ligeiramente manchada e difere da constrição primária pela ausência de desvio angular marcado dos segmentos cromossómicos. A parte distal do cromossoma para além da constrição secundária é conhecida como satélite (Fig. 18). Os satélites são botões cromatinosos ligados ao braço curto de certos cromossomas por um pedúnculo ou constrição secundária.

Matriz

Os cromonematos são encontrados embutidos numa massa de material acromático que tem sido chamada de "Matriz". É formada por material não genético e, presumivelmente, ajuda a manter os cromonemata dentro dos limites. Actua como uma bainha isolante para os genes durante a divisão celular.

9.1.2 Morfologia

Os cromossomas variam consideravelmente em tamanho, sendo o maior cerca de 5 vezes maior do que o mais pequeno. Durante o mapeamento, o cromossoma mais longo é colocado no início da sequência e o mais curto no final.

Cada cromossoma é caracterizado pelo seu comprimento e pela posição do centrómero. Os cromossomas são Metacêntricos (M) se os dois braços de cada lado do centromero forem quase iguais em comprimento (Fig.17). Se o centrómero estiver numa extremidade ou muito perto de uma extremidade do cromossoma, o cromossoma é chamado Acrocêntrico (A). Os cromossomas com centrómeros terminais são chamados Telocêntricos (T) (não encontrados no homem). Os cromossomas com o centrómero entre as posições mediana e terminal são chamados sub-terminal ou sub-mediana (5).

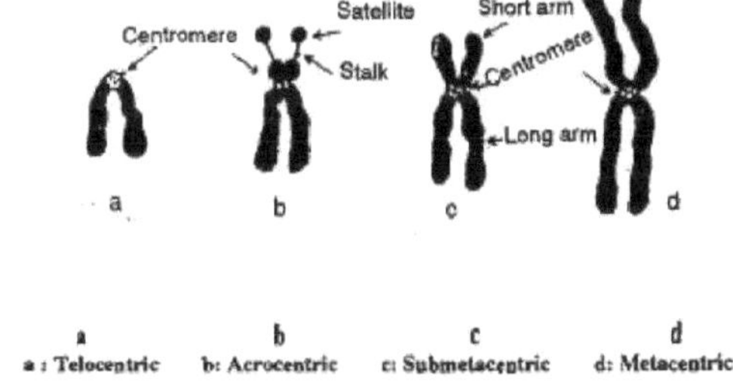

Fig. 19. Tipos de Cromossomas

Os 46 cromossomas humanos foram classificados em 7 grandes grupos morfológicos (Sistema Denver, 1960) como se segue:

Grupo	Tamanho e posição centrómero	Ideograma nº.
A	Grande; mediano/sub-mediano	1-3
B	Grande, sub-mediano	4-5
C	Médio, sub-mediano	6-12 e X
D	Médio, sub-terminal	13-15
E	Pequeno, mediano / sub-	16-18
F	Mais pequeno; mediana	19-20
G	Pequeno, sub-terminal	21-22 & Y

Encontram-se satélites ligados a cinco pares de cromossomas acrocêntricos, ou seja, os cromossomas 13, 14 e 15 (Grupo D) e os cromossomas 21 e 22 (Grupo G).

9.2 Aberrações de Cromossomas

As aberrações cromossómicas referem-se à quebra e rearranjo irregulares do cromossoma.

Aberrações cromossómicas

Anormalidades morfológicas (podem ser devidas a agentes variousmutagénicos), por exemplo, quebras, deficiência, duplicação,

Aberração do Número de Cromossomas (geralmente ocorre devido ao não-desjunção dos cromossomas , ou seja, não separação dos cromossomas homólogos durante a meiose ou nas fases iniciais da cicatrização do

Aberrações autossómicas, por exemplo, Síndrome de Down,

Aberrações cromossómicas sexuais, *por exemplo* Síndrome de Turner de Klinefelter,

zigoto)

No decurso normal da meiose, os cromossomas sinapse em pares e subsequentemente segregam de forma ordenada, sem qualquer alteração na disposição dos loci genéticos. Durante o processo, os cromossomas dos cromossomas homólogos emparelhados são submetidos a um cruzamento. Partem-se e reúnem-se formando novos arranjos durante a primeira prófase da meiose. A reunião é, evidentemente, muito regular. Mas ocasionalmente, os cromatídeos sofrem quebras e rearranjos irregulares, resultando em mudanças estruturadas. Estas mudanças grosseiras no número ou disposição dos genes dentro de um cromossoma são conhecidas como aberrações cromossómicas ou - rearranjos cromossómicos.

Anormalidades morfológicas

Quebras: Quando os filamentos cromossómicos se rompem e não há reimplantação do filamento homólogo, podem resultar vários tipos de cromossomas anormais, por exemplo, cromossomas em anel. Os cromossomas do grupo C partem-se em ambos os lados do centrómero e duas extremidades unem-se.

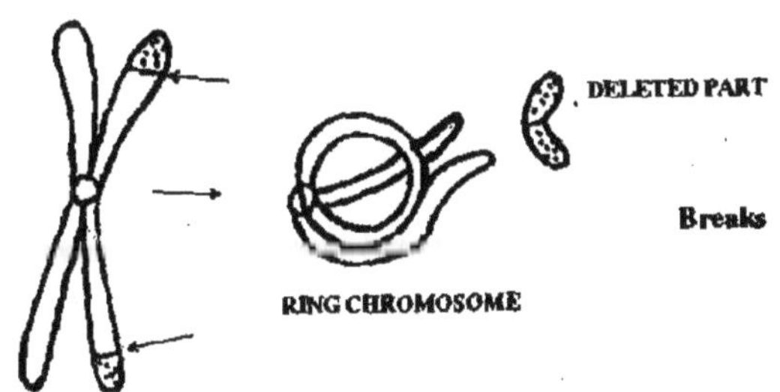

Fig. 20(a): Abuorma ities morfológica de Cromasomc

Deficiência/Deleção: Refere-se à perda de segmento cromo- somal com um gene ou bloco de genes.

Exemplo: Síndrome de Cridu Chat (Leieune, et al, 1963)

Síndrome de Cridu Chat (Lejeune, et al, 1963)

Deficiência do braço curto do cromossoma número 5 (grupo B) - Gato como o choro após o nascimento, baixo peso à nascença, microcefálico, mentalmente retardado, cara redonda "parecida com a lua", orelhas baixas e malformadas.

Duplicação

Sempre que um bloco de gene após eliminação é ligado a um cromossoma homólogo para que possa haver genes extra do que o número normal, é conhecido como duplicação, por exemplo, quatro crianças são relatadas com alongamento dos braços longos de um cromossoma do grupo B e tiveram um grau considerável de atraso físico e mental.

Translocação

Quando um segmento de um cromossoma com um gene ou bloco de genes é transferido para um cromossoma não-homólogo, é conhecido como translocação. Se ocorrer intercâmbio de segmentos entre dois cromossomas não-homólogos, é conhecido como translocação recíproca ou cruzamento ilegítimo, por exemplo (a) translocação envolvendo cromossomas

21 e ou os cromossomas 14 ou 15 (D/ G translocação de grupo).

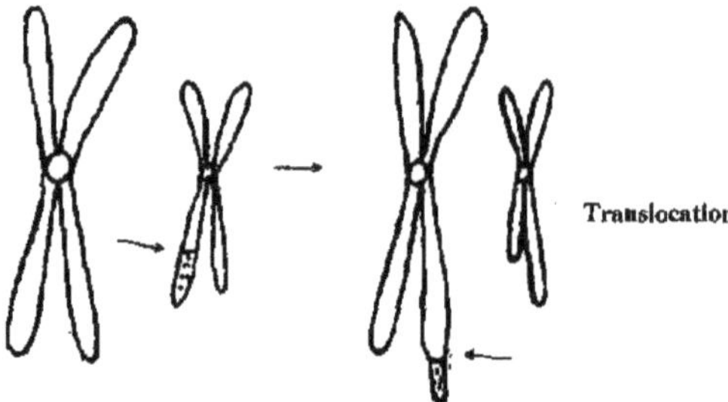

Fig. *20 (b):* Anormalidades Morfológicas do Cromossoma

Cromossoma de Filadélfia

Esta aberração cromossómica envolve a translocação do braço longo do 22º cromossoma e do braço longo do cromossoma No.9. Isto resulta em leucemia mielóide crónica.

Inversão: Quando um segmento de cromossoma após eliminação gira 180° e é inserido novamente entre dois fragmentos, é conhecido como inversão. Não causa qualquer ganho ou menor do gene, mas uma alteração na posição do gene, por exemplo, do cromossoma No.2 (Um grupo).

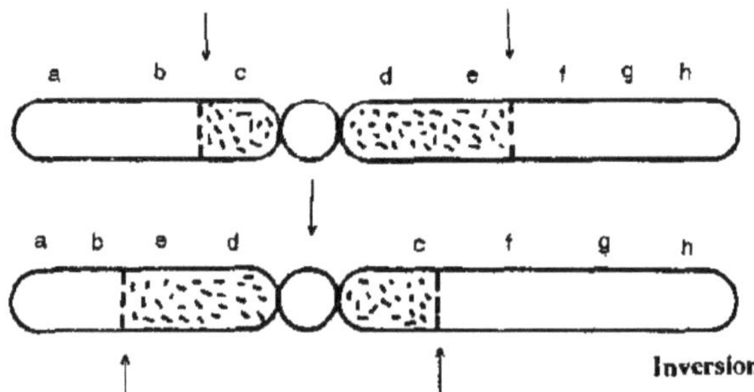

Fig. 20 (c) : Abnomulidades Morfológicas dos Cromossomas

Aberrações autossómicas

a.) Síndroma de Down ou Mongolismo (45, XX ou XY) (Primeira notificação em 1866).

O defeito é causado pela trissomia do 21º cromossoma. O pequeno cromossoma extra-acrocêntrico é formado devido a erro não disjuncional durante a formação do óvulo. Tais defeitos ocorrem principalmente nos ovários de mulheres idosas (acima dos 40 anos de idade). A síndrome de Down também pode ocorrer devido à translocação dos cromossomas 21 e 14 ou 15 (grupos D/G).

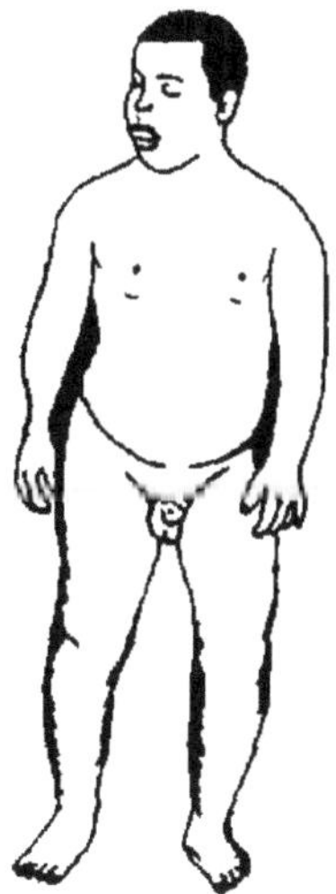

Fig. 21: Síndrome de Down

Características clínicas

Boca permanentemente aberta, lábio inferior projectado, língua rígida longa, mãos e pés atarracados, peculiaridade das impressões palmares, olhos inclinados, testa larga, malformações congénitas especialmente do coração, baixo nível de cálcio no sangue e facilmente susceptível a perturbações respiratórias.

b.) Síndrome de Edward (trissomia do grupo E) (47, XX ou XY, 18+)
   (Presença de um 18º cromossoma extra)

Características clínicas

Colo da teia, retardamento do desenvolvimento, orelhas malformadas e malformadas, atraso mental, doença cardíaca congénita, crânio alongado.

Aberrações cromossómicas sexuais

a) Síndrome de Klinefelter (47,XXY): O macho tem um cromossoma X extra

inibindo assim o desenvolvimento de personagens masculinos.

Características clínicas

De pernas longas; retardados mentalmente, os genitais externos são do tipo masculino mas os testículos são muito pequenos, os pêlos do corpo são esparsos, os caracteres sexuais secundários feminizados, a maioria dos casos têm um desenvolvimento de mama feminino, cromatina sexual positiva, perda de fertilidade, degeneração dos túbulos seminiferrosos e nenhuma espermatogénese. Quanto maior for o número de cromossomas X, mais grave é o defeito mental.

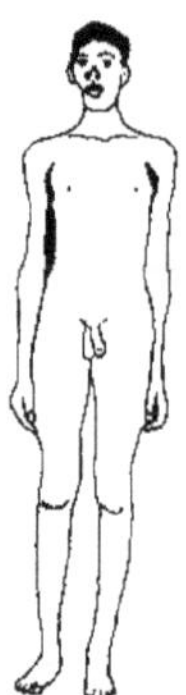

Fig. 22 : Síndrome de Klinefelter

b. Síndrome de Turner : (45, XO).

Características clínicas

Curta estatura, pescoço com teias, orelhas baixas, peito subdesenvolvido, amplo escudo como o peito com mamilos amplamente espaçados, sem desenvolvimento de ovário, obducto e útero, sem menstruação, anormalidade hormonal, pêlos escamosos sexuais, aumento do clítoris, aurículas deformadas, retardado mentalmente, estéril e sexcromatina - negativa.

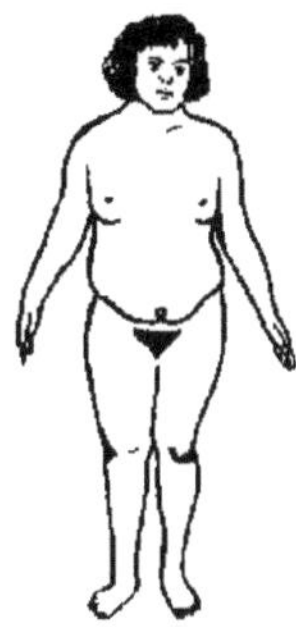

Fig. 23 : Síndrome de Turner

c. Super Machos (47, XYY)

A presença de cromossoma Y extra no sexo masculino deve-se ao fenómeno de não disjunção. Tais pessoas são caracterizadas por alturas invulgares, altamente agressivas, anti-sociais e de mentalidade criminosa.

d. Super Fêmeas (47, XXX)

Presença de cromossomas X extra nas fêmeas. Tais fêmeas são caracterizadas por atraso mental, menopausa secundária prematura, menstruação irregular, desenvolvimento sexual anormal.

e. Mosaicismo

Uma mistura de células com diferentes cariótipos é conhecida como mosaicismo. Alguns casos da síndrome de Turner têm mosaicismo de células XO e XX (XO/XX) e alguns casos raros da síndrome de Down têm trissomia do cromossoma 21 em algumas células e um cariótipo normal em outras. Este mosaicismo indica que o acidente de divisão celular ocorreu no zigoto (ou mais tarde) e não na gametogénese.

10.0 Malformações Congénitas (Defeitos de Nascimento)

As malformações evidentes ao nascimento e, portanto, congénitas podem ser genéticas na sua causa ou, pelo contrário, podem ser determinadas por factores extrínsecos. Além disso, nem todas as doenças genéticas são congénitas, pelo menos em termos da mudança fenotípica ser evidente à nascença. Por exemplo, na coréia de Huntington, o defeito fundamental está presumivelmente presente no sistema nervoso à nascença mas as manifestações fenotípicas podem não ser discerníveis até aos 60 anos de idade ou mais (Mckusick, 1972).

Causas dos Defeitos de Nascimento

Várias malformações congénitas têm uma base genética relativamente simples, por exemplo, Acheiropody (ausência de mãos e pés) causada por um gene autossómico recessivo. Algumas malformações congénitas têm uma causa ambiental ou extrínseca relativamente simples. por exemplo (a) Malformações do coração, olhos e outros órgãos devido à Rubéola (sarampo alemão) que ocorrem nas primeiras 12 semanas de gravidez e (b) Focomelia (Membros do Selo) e outras anomalias devidas ao consumo de talidomida, um tranquilizante e sedativo durante a gravidez inicial.

A maioria das malformações congénitas, por exemplo, lábio leporino, palato fendido, harelipo, pé torto, anencefalia e malformações congénitas do coração são provavelmente o resultado da interacção de factores genéticos e ambientais.

Experiências com agentes teratogénicos em animais sugerem que a vulnerabilidade aos efeitos destes agentes é geneticamente determinada, por exemplo, descobriu-se que a cortisona induz a fenda palatina numa elevada proporção de descendentes numa estirpe de ratos e apenas numa proporção baixa noutra estirpe. Não se sabe nada sobre diferenças genéticas na susceptibilidade aos teratogénicos químicos no homem.

Algumas malformações humanas específicas têm sido observadas com maior frequência em algumas raças do que noutras, por exemplo, Polidactilia (mais de cinco dedos) é cerca de 10 vezes mais frequente nos negros do que nos brancos, Anencefalia (ausência de cérebro) é mais rara nos negros do que nos brancos.

11.0 Grupos sanguíneos, Incompatibilidades e Associação com Doenças:

11.1 Grupos sanguíneos

As substâncias dos grupos sanguíneos humanos são antigénios de eritrócitos determinados geneticamente (glóbulos vermelhos). O eritrócito é frequentemente pensado como um saco de hemoglobina fechado por uma membrana fina que contém todos os antigénios do grupo sanguíneo (e outros). Os antigénios dos grupos sanguíneos são complexos, compostos químicos altamente específicos, detectados no início da vida fetal e geralmente permanecem inalterados até à morte. Estão livres da idade, sexo e influência de outros genes, distribuídos por todo o corpo, excepto o cérebro. As substâncias específicas do grupo sanguíneo são de elevado peso molecular (3 x 105), constituídas por 11 aminoácidos comuns, 2 açúcares (D-Galactose e L-Fucose) e dois amino-sugares (D-glucosamina e D- galactosamina). Os antigénios do grupo sanguíneo são mucopolissacáridos na natureza - glicolípidos na forma solúvel em álcool no sangue e glicoproteínas na forma solúvel em água na saliva e secreção gástrica. Os grupos sanguíneos fornecem alguns dos mais claros exemplos iniciais de herança mendeliana simples. São governados por múltiplos alelos e a maioria dos grupos sanguíneos são codominantes. Diferentes sistemas de grupos sanguíneos foram identificados e alguns dos principais sistemas de grupos sanguíneos incluem por ordem de descoberta ABO, ₐₗ Ai MN, P, Rh, Lutheran, Kell, Lewis, Ss, Diego, Duffy, Kidd, Bombay, Xg.

11.1.1 Incompatibilidades e Doenças dos Recém-nascidos:

O mecanismo pelo qual a doença fatal está relacionada com os grupos sanguíneos, especialmente os grupos sanguíneos ABO e Rh, é relativamente simples. No entanto, foram necessários muitos anos de investigação para descobrir a forma como este mecanismo funcionava. Nestes casos em que os genes da mãe e do feto diferem pelas substâncias suportadas nas superfícies dos glóbulos vermelhos do sangue, a mãe pode ficar sensibilizada pelos glóbulos vermelhos do feto e produzir anticorpos (especialmente pequenos anticorpos de albumina) que atravessam a barreira placentária e afectam desfavoravelmente o desenvolvimento do feto. Isto resulta geralmente em causar anemia fetal numa idade fetal relativamente tardia. As incompatibilidades do grupo sanguíneo Rh constituem um exemplo bem conhecido desta situação. Quando uma mulher que é Rh negativa casa com um homem que é Rh positiva, o primeiro filho de tal casamento é normalmente normal. No entanto, durante as gravidezes seguintes, o feto pode perder-se por nascimento parado ou pode nascer num estado tão anémico ou ictérico que vive apenas algumas horas ou dias após o parto Genética e Cuidados de Saúde. O bebé morre devido a uma doença sanguínea chamada Erythroblastosis Fetalis que consiste numa anemia devida à hemólise (quebra) dos glóbulos vermelhos do feto e uma consequente icterícia à medida que os vasos sanguíneos do fígado ficam obstruídos com os glóbulos partidos e a bílis é absorvida pelo sangue. A doença toma o seu nome do facto de a corrente sanguínea do bebé conter numerosos eritrócitos primitivos imaturos (eritroblastos), produzidos em resposta à destruição dos eritrócitos do bebé pelos anticorpos maternais Rh (Fig. *24)*. *Os* glóbulos vermelhos normais do bebé, os eritrócitos, são submetidos à destruição por atacado. A doença é também conhecida como doença hemolítica do recém-nascido devido à hemólise dos eritrócitos

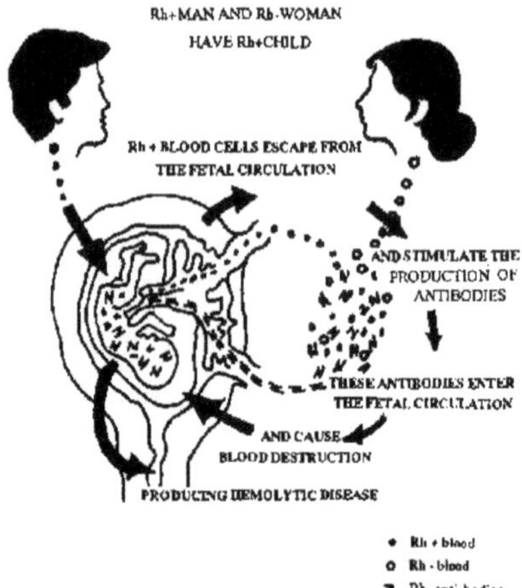

Fig. 24: Erythroblastosis Fcetalis

Além do factor Rh, a sensibilização materna a outros factores sanguíneos é ocasionalmente responsável pela morte fetal precoce. De facto, se a mãe pertence ao grupo 0 e o feto ao grupo A ou B, o feto pode ser afectado, caso em que se diz que tem uma doença hemolítica A-B-0. Tal incompatibilidade fetal com respeito aos grupos sanguíneos ABO ocorre muito cedo na gravidez, durante as primeiras 7 ou 8 semanas em vez de muito tarde como na incompatibilidade Rh.

11.1.2 Grupos sanguíneos e Susceptibilidade a Doenças

Durante os últimos anos, foi estabelecido que as pessoas que possuem diferentes grupos sanguíneos podem diferir substancialmente nas suas susceptibilidades a certas doenças. Assim, a saúde e a sobrevivência podem ser consideravelmente influenciadas pelo estatuto dos grupos sanguíneos.

11.1.2.1 ABO Grupos Sanguíneos e Doenças Infecciosas

Foi demonstrado que os portadores de grupos sanguíneos ABO apresentam respostas diferentes às bactérias e vírus responsáveis por várias doenças. Foi descoberto um bom número de associações entre os grupos sanguíneos ABO e as doenças infecciosas. Entre elas, existem infecções bacterianas agudas e crónicas e as suas sequelas, bem como algumas infecções virais.

Infecções Bacterianas	*Tipo de Associação Observada*
Hanseníase	Mais frequente em doentes dos grupos A e AB (Vogel, et al., 1969).
Sífilis	Os resultados são inconclusivos. A frequência da sífilis terciária tem
Pulmonar Tuberculose	foi considerado mais frequente, especialmente nos indivíduos do grupo B. Mais frequentes no grupo A do que no 0 (Laha e Dutta,
Febre reumática e coração reumático fil	A, B e AB mais frequentes em Pacientes do que nos controlos.
Bronchopneumonia	As crianças do grupo sanguíneo 0 observado ser relativamente resistente à broncopneumonia.
Diarreia infantil	Foi observado um curso severo no grupo A e possivelmente no grupo B.
E. Anticorpos Coli	Nos grupos A, B e AB maior título contra E. Coli 0,86 do que no grupo
Infecções por Vírus Infecções com o vírus da gripe A2	Frequência mais elevada de 0 em comparação com A. (McDonald e Zucker 1962)
Varíola	A e AB mais frequentemente e mais severamente afectado do que o B & 0 (Vogel, et al., 1966).
Hepatite aguda	A é mais frequentemente afectado do 0 (Zuckerman e McDonald, 1963).
Poliomielite	Associação com 0 de Pacientes paralisados.

11.1.2.2 Grupos sanguíneos ABO e Doenças Não-Infecciosas:

Doença	*Tipo de Associação Observada*
Cancro do Pâncreas, Anemia Perniciosa, Carcinoma do cólon, recto, mama e brônquio.	Em pessoas do grupo sanguíneo A em comparação com pessoas dos grupos sanguíneos 0 e B.
Asma	Preponderância marcada do grupo B.
Úlcera Peptic e Duodenal	Associação com 0 grupo sanguíneo

12.0 Antigenes e Doenças HLA:

Antigenes HLA

O comité da Organização Mundial de Saúde cunhou o termo HLA, que significa 'H' para humano /histocompatibilidade com 'L' para leucócitos, o tipo celular estudado pela primeira vez e 'A' para o primeiro sistema e não para os antigénios (Bodmer, 1978). A investigação extensiva sobre o sistema HLA no homem resultou num rápido desenvolvimento no conhecimento do sistema HLA e na proliferação das especificidades conhecidas do HLA. Até agora, três loci definidos serologicamente, isto é, -A, -B, -C, um locus -D leucócito definido e três factores complementares do soro, o C2 e C4 da via clássica e o factor B da via alternativa mostraram ser codificados pelos genes na região HLA no braço curto do cromossoma número 6 (Bodmer, 1978).

Os quatro loci HLA i.e. -A, -B, -C, -D/DR revelam um grau espantoso de polimorfismo em comparação com os factores de complemento de soro. Sabe-se que pelo menos 90 alelos diferentes estão presentes nos loci HLA -A, -B, -C, -C e D/DR.

Os antigénios HLA - A, B e - C são glicoproteínas, consistem numa cadeia leve (mol wt 12.000) de microglobulina beta e uma cadeia pesada (mol wt.43.000) que contém os determinantes antigénicos que conferem a especificidade HLA à molécula.

Associação de Antigénios e Doenças HLA

O sistema HLA altamente polimórfico no homem provou ser um marcador útil em certas doenças. O sistema HLA desempenha um papel significativo no sucesso do transplante de órgãos e da transfusão de plaquetas. Estão disponíveis vários estudos que enumeram a associação de antigénios HLA com várias doenças (Kshatriya, Jindal e Basu, 1985). Tais associações provaram a utilidade dos antigénios HLA como ferramenta útil na compreensão da susceptibilidade e pré-disposição dos indivíduos a várias doenças.

Um Svejgaard e L.P. Ryder (1979) delinearam a associação de antigénios HLA com várias doenças e também derivaram o risco empírico.

Relação entre o HLA e a doença: Risco empírico

	Doença Frequência dos antigénios			
------------------------Risco AssociativoRelativo				
AnkylosingB	27	8.6'	89	90.1
Acute anteriorB	27	8.6	47	9.4

Artrite reumatóide	Dw	19.4	48	30
Esclerose múltipla	Dw	25.8	60	4.3
Myasthensis gravis	B8	23.7	56	4.1
Doenca celíaca	Dw	26.3	96	73.0
Dermatites	Dw	26.3	83	13.5
Autoimune crónico	Dw	26.3	71	6.8
Síndrome de Sicca	Dw	26.3	87	19.0
Indiopático	Dw	26.3	76	8.8
Doença de Grave	Dw	26.3	76	8.8
Insulino-dependentes	Dw	25.8	00	00.0
Diabetes	Dw3	263	48	2.5
	Dw4		49	3.9
Subacute	Dw35		72	16.8
Psoríase Vulgar	Cw6		88	14.9
Idiopático	A3		73	7 4
	B14	4.5	19	5.0
C-2 DeficiênciaDw2				
Síndrome de Reiter	B27		77	35.9

A associação mais marcante é aquela entre a espondilite anquilosante e o antigénio B27 (Brewerton, et al., 1973; Sachs e Brewerton, 1978). Algumas associações provisórias foram relatadas entre os antigénios HLA (A2 e B12) e a leucemia linfocítica aguda (Thorsby, et al., 1969; Walford, et al, 1971; Harris, et al, 1978). O carcinoma nasofaríngeo tem sido relatado em associação com um aumento da frequência de HLA BW46 entre os chineses e mongolóides (Simons, et al, 1974, 1975). Do mesmo modo, o carcinoma de esófago foi associado ao HLA-B40 no povo turco (Simons e Arnie!, 1977).

ASSOCIAÇÃO DE ANTIGÉNIOS HLA COM DOENÇAS NA ÍNDIA:

Mehra, etal, (1976) encontrou uma frequência significativamente reduzida do antigénio HLA-A9 na lepra não lepromatosa em comparação com o grupo lepromatoso da Índia Ocidental. Estas observações corroboram os resultados do seu estudo precoce do HLA e da susceptibilidade à lepra conduzido em Deli (Das Gupta, et al, 1975). Bale, et al, (1980) relataram uma incidência muito elevada de 82,5% de antigénios B27 em doentes com espondilite anquilosante. Uma alta *frequência de* HLA-B27 em doentes com AS também foi relatada a partir de North

Índia (Sen Gupta, et al, 1977). Malaviya, et al (1979) também encontraram um aumento da frequência de 627 antigénios em doentes com espondoartropatias sero-negativas na Índia. Sen Gupta, et al (1979) relataram uma elevada incidência de HLA-B26 na uveíte aguda em indianos do Norte, o que foi ainda confirmado por Mehra, et al (1983). Contudo, Mathew, et al (1983) não conseguiu encontrar conclusivamente uma ligação do HLA à hiperplasia adrenal congénita devido a uma deficiência de 21 hidroxilase.

IMPLICAÇÕES DO PROGRAMA

Uma característica interessante da maioria das doenças associadas ao HLA é que parecem estar ligadas a antigénios de resposta imunitária anormais, e doravante entram na categoria de doenças auto-imunes relacionadas.

Vale a pena mencionar que os antigénios HLA demonstraram um grau notável de associação com doenças, por exemplo, espondilite anquilosante, doença celíaca e também uma importância significativa na aceitação ou rejeição de enxertos de tecido, particularmente o transplante renal e corneal. Os antigénios HLA têm uma relevância directa no salvamento de muitas vidas humanas e na prestação de cuidados preventivos e promocionais em várias doenças que de outra forma teriam sido extremamente difíceis.

Parece provável que os genes de resposta imunológica HLA ligados a genes e genes com outras funções relacionadas se revelarão factores genéticos importantes predisponentes à resistência ou susceptibilidade a vários tipos de cancros, doenças auto-imunes e doenças infecciosas no homem, o que, em última análise, ajudará a melhorar os cuidados de saúde preventivos e promocionais.

13.0 Idade Óptima para a Criança e Distúrbios Genéticos

Estudos científicos sobre a população no Japão, Reino Unido e Estados Unidos (Matsunaga, 1970; Kirk, 1970; Siegal, 1970; Dorothy Nortman, 1974) mostraram que se as raparigas se tornassem mães antes dos 19 ou 20 anos de idade, a incidência de gravidez desperdiçada através de aborto, still-birth e mortes neonatais era muito elevada. Do ponto de vista da saúde materna e infantil, o padrão de gravidez mais desejável era ter a primeira criança entre 20 e 24 anos e, se desejado, ter mais um ou dois filhos antes dos 29 anos de idade. Foi ainda observado em vários estudos que com um aumento da idade materna para além dos 30 a 33 anos, a incidência de doenças genéticas na descendência, bem como a mortalidade e morbilidade materna, foram acentuadamente aumentadas.

Estudos realizados na Índia pelo autor entre os Jats de Deli e os Muçulmanos Dawoodi Bohras de Udaipur revelaram que a idade mais ideal para a procriação das mães, relativamente livre de desperdício reprodutivo e doenças genéticas, era de 24-29 anos. (Basu, 1976).

14.0 Aconselhamento Genético

O aconselhamento genético é a previsão da recorrência de uma doença hereditária em descendentes de pais que tiveram um filho afectado e a sua comunicação no âmbito de factores médicos, emocionais, religiosos e sociais.

O nosso conhecimento da genética permite uma previsão relativamente precisa, baseada na probabilidade estatística, da recorrência de defeitos genéticos (anomalias) e doenças no seio das famílias.

Com um aconselhamento genético adequado, o aparecimento de doenças graves, por vezes fatais, pode ser evitado, impedindo a concepção de seres humanos doentes. Uma restrição voluntária da procriação por casais portadores de defeitos hereditários graves pode ser conseguida através de aconselhamento genético adequado. Tal restrição voluntária reduziria a transmissão de muitas anomalias hereditárias quando a informação está disponível.

O objectivo do aconselhamento genético é prevenir a miséria imposta ao indivíduo e à sua família através do nascimento de crianças defeituosas. Tal aconselhamento também tem efeitos eugénicos, uma vez que ajuda a reduzir o número de pessoas geneticamente afectadas nas famílias e, por conseguinte, na população em geral.

14.1 Tipos de Aconselhamento Genético

Geralmente existem dois tipos de aconselhamento genético, ou seja, aconselhamento prospectivo e aconselhamento retrospectivo. O aconselhamento prospectivo é dado a uma pessoa na faixa etária reprodutiva antes do nascimento de uma criança afectada, enquanto o aconselhamento retrospectivo é dado após o nascimento de uma criança afectada. A maior parte do nosso aconselhamento é actualmente retrospectivo e a maioria das pessoas com uma criança afectada ainda provavelmente não recebe aconselhamento genético devido à escassez de centros de aconselhamento genético. O aconselhamento prospectivo tem muitas vantagens. Isto permitiria decidir se a gravidez deveria ser realizada e se o diagnóstico pré-natal seria útil. Além disso, o reconhecimento precoce das doenças genéticas, que são evitáveis ou tratáveis, é claramente desejável.

14.2 Pré-requisitos para o Aconselhamento Genético

Seguem-se os vários passos que são pré-requisitos para qualquer forma de aconselhamento genético:

PASSO I Estabelecer o risco de recidiva:

- a. Diagnóstico exacto.

- b. História familiar detalhada.

- c. Conhecimento sobre a desordem.

PASSO II Interpretação e comunicação do risco de recidiva.

PASSO III Formulação de uma abordagem racional.

PASSO IV Seguimento.

14.3 Aconselhamento em casamentos consanguíneos

Na nossa civilização, há uma crença generalizada de que os filhos de casamentos consanguíneos (casamentos entre indivíduos relacionados) são muito mais susceptíveis de sofrer de malformações e doenças genéticas. Por esta razão, os primos que desejam casar desejam saber frequentemente a conveniência de tais casamentos e os riscos empíricos neles envolvidos. A natureza da consanguinidade consiste no facto de os parentes, por terem antepassados comuns, possuírem um maior número de genes comuns do que a percentagem média de genes comuns na população em geral. A dimensão deste fundo adicional de genes comuns dependerá do grau de relação. Por exemplo, a percentagem de genes comuns devido à ascendência comum no caso de gémeos monozigóticos (um ovo)=1, pais-crianças = 1/2, tio-neta (ou tia-ninho)=1/4, primos em primeiro grau = 1/8, primos em primeiro grau uma vez retirados = 1/16, primos em segundo grau = 1/32.

O risco acrescido de homozigotos para genes deletérios entre as crianças de parentesco (especialmente primos em primeiro grau) manifesta-se como morte fetal precoce, morte infantil, malformações congénitas, defeitos mentais, surdo-mutismo, albinismo, fenilcetonúria, Xeroderma - pigmentosum, cegueira total da cor, etc.

A relação entre o número de genes recessivos deletérios presentes num indivíduo e a frequência de crianças afectadas se ele casar com um primo foi teoricamente calculada como sendo 1-(0,969)n onde n = número de traços. Este é o risco teórico envolvido nos casamentos entre primos e esta previsão calculada foi encontrada para comparar bem com os resultados observados nos casamentos entre primos.

No aconselhamento prático, o factor mais importante no caso de uma proposta de casamento consanguíneo, é a procura cuidadosa de indicações de uma responsabilidade genética que exigiria o cálculo de uma probabilidade particular. Para além desta possibilidade, basta referir o risco genético geral, ligeiramente aumentado, para os filhos dos casamentos de primos de primeiro grau.

14.4 Aconselhamento em Incompatibilidades de Grupos Sanguíneos
O aconselhamento genético é também necessário no caso de casais casados com grupos sanguíneos incompatíveis, especialmente o factor Rh.

Todas as mulheres que planeiam o casamento devem consultar o seu médico a fim de aprenderem os tipos Rh tanto de si mesmas como do seu futuro marido. Há várias maneiras de evitar os efeitos indesejáveis do choque de factores Rh, se os médicos souberem antes de os conhecerem. Os médicos podem testar o nível de anticorpos (Titre) no sangue de uma mulher e determinar antecipadamente se deve ser antecipada qualquer dificuldade. Assim avisados, podem tomar medidas para evitar danos sempre que os testes indicarem que é aconselhável. Os médicos podem estar preparados com sangue para transfusão e podem dar a um recém-nascido uma mudança completa de sangue para substituir as células danificadas do seu próprio corpo. Se o bebé conseguir sobreviver nos primeiros dias, não terá mais dificuldades porque a fonte dos anticorpos desaparece quando a ligação com a mãe é cortada.

Prevenção
A imunoglobulina Rh (100ug anti Rh Ig) é administrada à mãe no prazo de 36 horas após o parto da criança. Isto destruirá os eritrócitos fetais e impedirá a sensibilização do Rh. A administração pré-natal de imunoglobulina Rh é mais eficaz (administração intramuscular de imunoglobulina Rh a 28 e 34 semanas com dose adicional após o parto).

14.5 Predição do risco em distúrbios cromossómicos
Devido ao desenvolvimento significativo no campo da citogenética, muitas doenças cromossómicas foram agora diagnosticadas. Consequentemente, a importância do aconselhamento genético em síndromes associadas a aberrações cromossómicas aumentou. Ao dar um aconselhamento genético adequado aos pais de uma criança com uma anomalia cromossómica, muito sofrimento humano pode ser aliviado.

14.6 Aconselhamento em diagnóstico pré-natal
A detecção pré-natal de várias doenças genéticas que afectam o feto poderia ajudar a prevenir a continuação até ao fim da vida de tais fetos malformados. A detecção pré-natal do sexo fetal também assume importância, particularmente nos casos em que se sabe que a mãe é portadora de uma doença ligada ao X.

Diagnóstico pré-natal

As várias técnicas para o estudo directo do feto incluem o seguinte:

ULTRA-SONOGRAFIA

Tem sido utilizado para a localização da placenta e para a determinação do tamanho da cabeça do feto (Donald,1971). A medição ultra-sónica do diâmetro biparietal da cabeça do feto permite o diagnóstico pré-natal de anencefalia durante a última parte do segundo trimestre.

RADIOGRAFIA

Várias anomalias fetais (por exemplo, osteopetrose) foram diagnosticadas prenatalmente durante o último trimestre de gravidez por roentgenografia (Russel, 1969).

FETOSCOPIA

Serimgeour (1973) foi o primeiro a visualizar as características externas do embrião humano directamente com a ajuda de um endoscópio fino, introduzido no saco amniótico através de uma abordagem abdominal suprapúbica. A fetoscopia permite obter amostras de sangue fetal, biópsias de pele para um diagnóstico genético posterior e seria de particular ajuda no diagnóstico de doenças hematológicas como a anemia falciforme e a talassemia.

AMNIOCENTESIS

Bevis (1952) provavelmente fez a primeira tentativa sistemática de amostragem de líquido amniótico para obter informações sobre o estado do feto. As células e macromoléculas do líquido amniótico são principalmente de origem fetal e são, portanto, características de um feto em particular.

As amostras de líquido amniótico podem ser obtidas por aspiração por vagina (aminocentese trans vaginal) ou através da parede abdominal (amniocentese transabdominal). Esta última técnica só é possível após a 12 ou 14ª semana de gestação quando o útero sobe acima da sínfise púbica, enquanto que a primeira técnica pode ser realizada logo na 10ª semana de gestação. A amniocentese transabdominal é um procedimento relativamente seguro (Gerbie, et al, 1971).

Estudo de Células de Fluido Amniótico não cultivadas

A principal utilização de células de fluido amniótico não cultivadas é para a previsão sexual baseada em estudos de corpo Barr e fluorescentes. Do primeiro, o número de cromossomas X pode ser determinado e do segundo, o número de cromossomas Y.

A previsão sexual pré-natal baseada no estudo da cromatina X e da cromatina Y em células líquidas amnióticas é importante na gestão de doenças ligadas ao sexo. A coloração com orceína (2%) para corpos de Barr ajuda na detecção de aberrações cromossómicas sexuais como XXX do sexo feminino. A coloração de algumas destas manchas pelo cloridrato de qui nacrina (0,05%) e o rastreio sob fluorescência da cromatina Y pode ajudar a detectar outras aberrações cromossómicas sexuais, como as XXY síndromes.

Estudo de Células do Fluido Amniótico Cultivado
As células do líquido amniótico são cultivadas e a análise do Karótipo é realizada por técnica padronizada (Nadlar e Gerbie, 1971) para o diagnóstico de doenças cromossómicas. As células amnióticas também podem ser testadas bioquimicamente para a presença ou ausência de certas enzimas. (ou seja, erros congénitos de metabolismo) ou outra característica metabólica.

15.0 Sistema de Entrega de Saúde em Áreas Tribais Problemas, Questões, Engarrafamentos

Apesar das várias medidas de cuidados de saúde adoptadas, os grupos da população tribal são privados ao máximo dos serviços de cuidados primários que estão à sua disposição. Algumas das razões são:
(a)   Áreas inacessíveis, terreno difícil, falta de terra cultivável.
(b)   Pobreza extrema, falta de sensibilização e motivação.
(c)   Superstição, ignorância, crenças mágico-religiosas.
(d)   Serviços de Saúde Impróprios.
A maquinaria de saúde existente é concebida de tal forma que, com excepção de algumas PHC/Sub-Centros adicionais, existe um padrão mais ou menos semelhante de sistema de prestação de cuidados de saúde para a população geral, bem como para a população tribal do país. Apesar da chamada expansão das instalações de saúde e dos esforços do governo para melhorar a situação sanitária das populações tribais, quase não se conseguiu obter qualquer impacto significativo nos importantes índices de saúde da população tribal. Isto foi corroborado pelos estudos de investigação realizados pelo autor (Basu et al., 1989, 1992, 1993, 1994) entre os grupos tribais do distrito de Bastar, Madhya Pradesh, primitivo Kutia Khondhs do distrito de Phulbani, Orissa, Jaunsar-Bawar,

Dehradun (Uttar Pradesh), Santals do distrito de Mayurbhanj e Dudh Kharias do distrito de Sundergarh, Orissa.

Os resultados da investigação mostram que a simples expansão linear do sistema de prestação de cuidados de saúde existente não é uma resposta adequada para melhorar a saúde e o bem-estar familiar da população tribal.

A localização das instalações de saúde deve ser de acordo com as necessidades locais, dependendo das considerações geográficas e populacionais, dos recursos, da disponibilidade de mão-de-obra.

Devem ser identificados os constrangimentos e estrangulamentos do sistema de saúde e bem-estar familiar existente, especificando claramente as infra-estruturas necessárias, estratégias a desenvolver que estejam em consonância com as necessidades sentidas da população tribal local.

Os funcionários de saúde que gerem as diferentes instituições de cuidados de saúde, devem ser expostos aos antecedentes socioculturais de diferentes populações tribais.

Para alcançar eficiência operacional nos programas de prestação de cuidados de saúde, a área do projecto de desenvolvimento tribal integrado deve ser estudada no contexto dos serviços de saúde. Devem ser feitos esforços para envolver as tribos locais (de preferência raparigas) "dais" tradicionais, curandeiros tradicionais" no sistema de prestação de cuidados de saúde e bem-estar familiar, depois de lhes ter sido dada formação adequada. Entre a população tribal, a abordagem preventiva como programas de imunização, medida anti-infecciosa e vários outros programas profilácticos deve ser dada mais importância. (Indian, Society Development, Vol 1, No. 1, 2001, 134-156)

15.1 Estratégias para a gestão de doenças genéticas

- Devem ser fornecidos kits simples a nível de PHC e pessoal a ser treinado para testes de doenças genéticas como enjoo, deficiência da enzima G-6 PD, etc.
- Rastreio de aldeias para pessoas doentes e deficientes do G-6 PD, pessoas identificadas podem ser tatuadas com marcas de pontos, famílias delineadas de alto risco para dar aconselhamento genético.
- Distribuição de folhetos e reprodução de cassetes áudio e, sempre que possível, vídeo, de preferência em dialectos locais nos mercados semanais, ghotuls, escolas, etc.
- Desenvolvimento de estratégias de comunicação eficazes sobre educação sanitária e cuidados de saúde entre grupos tribais, em consonância com as suas características socioculturais. (Indian, Society Development, Vol 1, No. 1, 2001, 134-156.

Referências

Afzal, M. e Sinha, S. P. (1982): Effects of consanguinity on certain aspects of reproductive, cognitive and social behaviours of Ansari Muslims of Bihar, Abst. Publs. **IX Ann. Conf. Soc. de Human Genet**, Bhopal.

Agarwal, S. S., Sharma, J. K. e Farooqui, J. A. (1974) Study of G-6 PD deficiency by BCB Dye Test in North Indians, Proceedings of the **first Conf. of the Ind. Soc. of Human Genetics**, 1:50.

Ager, J.A.M. e Lehman, H. (1957) Haemoglobin L:A new haemoglobin found in the Punjabi Indian, **Brit. Med. Jour.**, ii; 142.

Ahmed, S. H. (1970) ABO grupos sanguíneos e traço falciforme entre os distritos de Kondh e Nuka Dora de Koraput. In **Bio-Anthropological Research in India**, ed. By H. K. Rakshit, An. S. I., Calcutá, 75.

Ahmed, S, Kumar, P. e Mital, V. N. (1972) A study of G-6-PD activity in normal Indian subject, **J. Asso. Phys. India**, 20:659-65.

Ahmed, S. N. e Chaudhury, D. (1980) ABO blood groups and Sickle cell trait among Pardhans of Mandla distt. **Homem na Índia, 60** (3&4): 235-244.

Ali, A. (1980) Health and Genetic Problems of Kutia Kondhs of Burlubaru village, distrito de Phulbani, Orissa. **The Newsletter** (Governo da Índia, Ministério dos Assuntos Internos, Divisão de Desenvolvimento Tribal, Nova Deli, 1 (2) 103-114.

Ali, S. G. M. (1968): Consanguinidade e endogamia em Kerala. **Acta. Genet. (Basileia)**, 18:369-379.

Ali, M. e Hariprasad, C. (1978) The prevalence of S-gene among the different Adivasi communities of Western Orissa. **Vª Conferência Anual do Soc. Hum. Gene**, Bombaim.

Allison, A. C. (1954): Protecção conferida pelo traço falciforme contra a infecção malária subterrânea. **Brit. Med.J.** , 1:290.

Audi, P.S. Malik, R., Malik, T. K. e Kamat, J. (1970) Thalassaemia Hb-E, **Indian Paediatrics,** 7 (11); 628-31.

Bajaj, R. T., Malik, R. M. Desai, M. P. e Sukumaran, P. K. (1973) Haemogloban, M, Disease - A Case report. **Indian Pediat**, 10:383.

Bale, U. M. et al (1980) HLA antigenes in ankylosing spondylitis: the Association of HLA-B27, **Ind. J. Med. Res.** , 71:96-103.

Basu, S. K. (1971) Inbreeding and its effects in the Sayyad Shia Muslims. Resumo - **First All India Congress of Cytology and Genetics**, Chandigarh.

Basu, S. K. (1971) Consanguinidade na Índia, **Adivasi**, XII: 1-4.

Basu, S. K. (1975) Effects of consanguinity among North Indian Muslims. **Diário de Population Research, II**, 1: 57-67.

Basu, S. K. (1976) Population genetic studies, **Biomedical Research in Family Welfare Planning, NIHFW**, ed. By Roy et al.

Basu, S. K. (1978a) Effects of cosanguinity among Muslim Groups of India in book entitled '**Medical Genetics in India**', Vol. 2, Ed. Por I.C. Verma, Auroma Enterprises, Divisão de Publicações, Pondicherry, Índia. Pp. 173-187.

Basu, S. K. (1978b): Tradições muçulmanas: o seu impacto genético, X Congresso Internacional de Ciências Antropológicas e Etnológicas, Bombaim, 19-21 de Dezembro.

Basu, S. K. (1978c): Haemoglobinopathies and allied disorders in India - A Public Health Problem. **Saúde e População - Perspectivas e Questões**, I (4) 319339.

Basu, S. K. (1983) Genetic and Family Welfare, Proceedings on Genetics and Public Heath. **Suplemento de Bionatura**, 3A, 85-96.

Basu, S. K. (1985) Inbreeding na Índia: As suas consequências e implicações genéticas nos cuidados de saúde. (In) **Population Genetics and Health Care: Issues and Future Strategies**, Technical Report 8, Eds. S. Roy, S. K. Basu e A. Jindal, NIHFW, Nova Deli pp-71-77.

Basu, S. K. (1986) Genetics, Socio-cultural and Health Care among Tribal Groups of Jagdalpur and Konta Tehsils of Bastar District, **M. P.** In **Anthropology Development and Nation Building**. Ed. A. K. Kalla e K. S. Singh, Concept Publishing Company, Nova Deli, pp. 87-105.

Basu, S. K. (1986) Genetic effects of consanguineous marriages: Scope and future strategies for research, **Biologica**, 2, Vol. 1.

Basu, S. K. (1991) Health Scenario and Health Problems of the Tribal Population in India (Cenário de Saúde e Problemas de Saúde da População Tribal na Índia). Trabalho apresentado no seminário sobre "Continuidade e Mudança na Sociedade Tribal" realizado no **Instituto Indiano de Estudos Avançados**, Rashtrapati Nivas, Shimla realizado no Museu Nehru, Nova Deli, 14-18 de Janeiro.

Basu, S. K. (1993): Consanguinidade na Índia; It's genetic consequences and implications in health care, **NIHFW Status Paper (não publicado)**.

Basu, S. K. (1993): Consanguinidade e carga genética entre os grupos muçulmanos do Norte da Índia (**inédito**)

Basu, S. K. e Jindal, A. (1978) Genetic: Aspectos da síndrome de Usher, **Indian Paediatrics**, XV (5): 429-431.

Basu, S. K. e Jindal, A (1978) Genetic Aspects of Retinitis Pigmentosa among the

Shia Muslim Dawoodi Bohras of Udaipur, Rajasthan. **Indian Journal of Medical Research**, 68:644-649.

Basu, S. K. e Jindal, A (1983) Genetic Aspects of Myopia among Shia Muslim Dawoodi Bohras de Udaipur, Rajasthan, **Hereditariedade Humana**, 33:163-169.

Basu, S. K., e Jindal, A (1990) Genetic and Socio-cultural Determinants of Tribal Health: Um primitivo Kutia Kondhs, um grupo tribal do distrito de Phulbani, Orissa. **Relatório do Projecto (ICMR)**, Departamento de Pop. Genética e Hum. Dev., NIHFW, Nova Deli.

Basu, S. K., Jindal, A. e Kshatriya, G. K. (1990): Os determinantes do comportamento de busca de saúde entre as populações tribais do distrito de Bastar, Madhya Pradesh, **Antropólogo do Sul da Ásia** 11 (1): 1-6.

Basu, S. K. e Kshatriya, G. K. (1989) Fertilidade e mortalidade nas populações tribais do distrito de Bastar, Madhya Pradesh, **Biologia e Sociedade 6**: 110-112.

Basu, S. K. e Kshatriya, G. (1990) Growth trends and adolescent spurts among Kutia Kondhs - A primitive tribal group of Phulbani district, Orissa, **Acta Medica Auxologica**, 22 (3): 153-164.

Basu, S. K. Kshatriya, G. e Jindal, A (1988) Diferenciais de fertilidade e mortalidade entre os grupos populacionais tribais do distrito de Bastar, Madhya Pradesh, **Human Biology, 60** (3): 407-416.

Basu, S. K. Jindal, A. Kshatriya, G., Singh, P., Roy, P. e Sharma, K. K. N. (1989) Epidemiological Investigation of Haemoglobinopathies and allied disorders, nutrition and physical growth trends, health profile, health seeking behaviour and their environmental correlates for promotion of health care among scheduled tribes and scheduled castes of Basar district, Madhya Pradesh. **Relatório do Projecto**, Departamento de Genética Populacional e Hum. Dev., HIHFW, Nova Deli (DGHS).

Basu, S. K. e Kshatriya, G. (1992) Index of opportunity for natural selection among the tribal population groups of Madhya Pradesh, **J. of Indian Anthropological Society**, 25 (3).

Basu, S. K. (1994): The State of the Art-Tribal Health in India, in India, In: Salil Basu (ed.) Tribal Health in India, Manak Publications Pvt. Ltd., Nova Deli.

Basu, S. K. (1994): Perturbações genéticas e cuidados de saúde. Shri Kala Prakashan Publishers, Delhi.

Basu, S. K. (2007): Socio-Cultural and Environmenal Perspectives on Morbidity and

Mortality pattern of the Scheduled Tribes, **Tribal Health Bulletin**, Vol. 13, No. 1 & 2 Janeiro & Julho 2007, RMRCT (ICMR) Jabalpur.

Bateson, W. (1902) Mendel Principles of Heredity, Londres.

Baxi, A. J. (1985): Deficiência da enzima Glucose-6-Fosfae Dehidrogenase na Índia: Prevalência e implicações públicas. In : **Population Genetics ad Health Care - Issues ad Future Strategies**, eds. Somnath Roy, Salil Basu ad Anil Jindal, National Institute of Health and Family Welfare, Tech. Relatório 8: 29-33, Nova Deli.

Baxi, A. J. (1974): Glucose-6 Deficiência de Fosfato Desidrogenase. Uma nota sobre a distribuição da frequência de Gene na Índia. **Proceder. primeira Conf. da Ind. Soc. de Hum. Genet.** 1:60.

Baxi, A. J. Balakrishnan, V. e Sanghvi, L. D. (1961) Deficiência de observações de Glucose-6- Fosfato Dehidrogenase numa amostra de Bombaim, **Curr. Sci.** , 30:16.

Baxi, A. J. Parikh, N. P. e Jhala, H.I. (1969) Incidence of G-6-PD Deficiency in 3 Gujarati Population, **Human Genetic**, 8:62.

Baxi, A. J., Balakrishnan,V., Undevia, J.V. e Sanghvi, L.D. (1963) Glucose-6-Deficiência de Dehidrogenase Fosfato na Comunidade de Parsi, Bombaim. **Índio J. Med. Sci.** 17:493-500.

Beutler (1966) Uma série de novos procedimentos de rastreio da deficiência de cinase pirúvica G- 6-PD e da deficiência de glutationa redutase. **Sangue** 28, 553-562.

Beutler, E. (1972): Deficiência de glucose-6-fosfato desidrogenase. In:

O

base metabólica da doença hereditária. eds. J.B. Stanbury et al. **3ª Edição**, McGraw Hill, Nova Iorque: 1358.

Beutler, E. e Mitchell, M. (1968): Modificação especial do método de rastreio fluorescente para deficiência de glucose-6-fosfato desidrogenase. **Sangue** 32,816.

Beutler, E., Blume, K. G., Kaplan, J.C., Lohr., G.W., Ramot, B. e Valentine, W.N. (1979). International Committee for Standardization in Haematology: Teste de despistagem recomendado para deficiência de Glucose-6-Fosfato Desidrogenase, **Brit J. Haemat**, 431- 469.

Bevis D.C.A: (1952): The antenatal prediction of hemolytic disease of newborn; **Lancet**, ii, p. 443.

Bhalla, V e Chopra, S. R. K. (1979): Gene differentiation in hill Rajputs (Kanets) of upper Sutlej valley (H.P.) **Ind. Jn. Phys. Anth & Hum. Genet**, Vol 5 No.1.

Bhatia, H.M., Shanbhag, S.R., Baxi, A. J., Bapat, J. P. e Sharma, R.S. (1976) Genetic Studies among the Endogamous Groups of Lohanas of North and West India. **Hereditariedade Humana**, 26:298-305.

Bhasin, M.K., Walter, H., Singh, I.P., Bhasin, V., Sikh Mohinder Singh e Ratanjith Singh (1982): **Genetic Studies or Pangwalas, Transhumant and settled Gaddis 1**. Polimorfismo dos grupos sanguíneos e sistema de secreção da saliva. **Z. Morfo. Anth**, Vol.73, Parte

I: 79-96.

Bhasin, M. K., Singh, I.P., Walter, H e Veena Bharadwaj (1983): Estudo genético de cinco grupos populacionais do distrito de Lahaul Spiti e Kulu, Himachal Pradesh, **Z. Morph. Anth**, Vol.74, No. 1:13 38.

Bhatia, K., Bhalla, V., e Chopra, S. R. K., (1978) Glucose-6-Fosfato desidrogenase deficiente em duas populações do Noroeste do subcontinente indiano, **Acta Anthropogentica**, 2(3): 55-62.

Bhatia, H.M. (1986): Epidemiologia do gene das células falciformes na Índia: Abordagens preventivas e promocionais dos cuidados de saúde. In: **Genetic Epidemiological Approaches to Health Care**, Eds. Somnath Roy, S.K. Basu, Anil Jindal e Gautam Kshatriya. Instituto Nacional de Saúde e Bem-Estar da Família, Nova Deli, **Tech. Rep.** , 8: 47-51.

Bhatia, H.M., Shanbag, S.R., Baxi, AJ., Bapat J., Sathe, M.S., Sharma, R.S. Kabeer, H., Bharucha, Z.S. e Surlacar, L. (1976) Genetic Studies among endogamous groups of Saraswats in Western India. **Hereditariedade Humana**, 26: 458-467.

Bhattacharjee, P. N., Choudhury D., e Sikha Chetterjea (1974): Variação genética entre os leprosos Sikkimese (A1 A2 BO, MN, Rh grupos sanguíneos, PTC taste e C.B.) e a sua afinidade. **O Antropólogo**, Vol. XXI (1&2): 41-48.

Bird, G.W.G., Lehmann, H. e Mourant, A.E. (1955) Um terceiro exemplo de hemoglobina D. **Trans. Roy. Soc. Trop. Med. Hyg.** , 49: 399.

Bird, G.W.G., Ikin, E..W., Lehmann, H. e Mourant, A.E. (1956). The blood groups and haemoglobins of the Sikhs, **Heredity**, 10: 425.

Bobhate, S.K., Kabinwar.N. e Sonule,S.S. (1983) Incidence of sickle cell disease in Chandrapur Area, **Ind. J. Med. Sciences**, 31(11): 202-203.

Bodmer, W.F. (1978), The HLA System An Introduction. **Brit. Med. Bull.**, 34:213216.

Brewerton, D. A. et. al. (1973) Ankylosing spondylitis e HLA-B27 **Lancet**: 904907.

Brittenham,G. Lozoff, B. e Harris, J.W. (1977) Sickle cell anemia and trait in a population of Southern India, **Amer. J. Hematol**, 2(1): 25-32.

Brittenham, G., Lozoff, B., Sastry, D.B. e Narasimhan, S. (1978) Hemoglobinopatias nas Colinas de Nilgiri do Sul da Índia, **Medical Genetics in India,** Vol.2, Eds I.C. Verma, **Auroma Enterprises,** Pondicherry, pp.75-76.

Buchi, E.C. (1955) Sideling Is Sideling a Veddid Trait? **Antropólogo,** 1:25-29.

Centerwall, W.R. e Centerwall, S.A. (1966): Consanguinidade e anomalias congénitas no Sul da Índia: Um estudo piloto. **Ind. J. Med. Res.,** 54: 1160-1167,

Chakraborty R. (1968) Consanguinity in India Z. Morph. **Anthrop.** 60:170-183.

Chakraborty, R. e Chakravarti, A. (1975): Sobre os casamentos consanguíneos e a carga genética. Proc. de 2nd **Ann. Conf. de Ind. Soc. Hum. Genet,** Calcutá.

Chandrasekar, S., Rajgopal, G. e Sugantha, V. (1974): Haemoglobin E trait with Methemoglobinemia. **Journal of Med. Sci.** 28:4.

Chatterjea, J.B. (1958) Haemoglobinopathy in India, **ACIOMS Symp.** 322.

Chatterjea, J.B. (1959) Human Haemoglobin e as suas variantes. Bombay Haffkine Institute, **Diamond Jubilee, Souvenir,** p. 60.

Chatterjea, J.B. (1960) Haemoglobinopathies in India. **Jornada. Ind. Med. Assoc.,** 34:102.

Chatterjea, J.B. (1961), Haemoglobin H. Thalassaemia. **Touro. Calcutta Sch. 'Trop. Med.** 9:93.

Chatterjea, J.B. (1965) Some aspects of Haemoglobin E and its Genetic interaction with Thalassaemia. **J. Med. indiano. Res.,** 53:377.

Chatterjea, J.B. (1966): Haemoglobinopathies, G-6-PD deficiency and allied problems in the Indian sub-continent, **WHO Bull. Vol. 35**, p. 811-982.

Chatterjea, J.B. (1967): Assamese e Nepalese Instances of HbE. **Touro. Armadilha Escolar de Calcutá. Med. Sci**, 28: 4.

Chatterjea, J.B. (1968): Hemoglobinas anormais e talassemia: A sua distribuição geográfica e aspectos genéticos. **J. Anthrop Indian Anthrop.** Soc. ,3:1.

Chatterjea, J.B., Saha, T.K., Ray, R.N. e Ghosh, S.K. (1956) Análise electroforética da hemoglobina na anemia de cooley (talassemia), evidência de interacção do gene da talassemia com o da hemoglobina anormal. **Touro. Calcutta Sch. Trop. Med.,** 29; 103-5.

Chatterjea, J.B., Swarup, S., Ghosh, S.K. e Ray, R.N. (1957b) Incidência de hemoglobina E. e de traço de talassemia nos Bengalés. **Touro. Calcutá, Escola de**

Trop. Med., 5:159.

Chaudhari, S., Chakravorty, M.R., Mukherjee, B., Sen, S.N., Ghosh, J. e Maitra, A. (1964) Estudo de factores hematológicos, grupos sanguíneos, mudidus antropométricos e genética de alguns dos grupos tribais e castas do 1. Sul da Índia -Kerala, Nilgiris e Andhra Pradesh 2. Nordeste da Índia (fronteira Indo-Bhutana) - Totopara. Proc. 9º Congresso. **Int. Soc. Transf. de Sangue, México. S. Karger,** Nova Iorque, 196.

Choudhury, S., Ghosh, J., Mukherjee, B.N. e Roy Choudhury, A.K. (1967) Estudo de grupos sanguíneos e variantes de hemoglobina entre a Tribo Santhal no distrito de Midnapore em Bengala Ocidental. **Amer. J. Phys. Anthrop.** 26(3): 307-12.

Chouhan, D.M., Sharma, R. S. e Parekh, J.G. (1970): Talassemia alfa na Índia. **J. da Índia. Med. Assoc.,** 54:364

Chouhan, D.M., Sharma, R.S., Parekh, J.G., Clegg, J. e Weatherall, D.J. (1973) Haemoglobin Q em duas famílias Sindhi não relacionadas. Trabalho apresentado na Ann. Reunião de **Soc. Haematol. Indiano e Transfusão de Sangue.**

Chowdhury, A. (1976) Glucose-6-Fosfato desidrogenaês numa amostra de Calcutá de Bengala. **Homem na Índia,** 56(3): 263-268.

Cohen, S. McGregor, I. A. e Carrington, S. (1961): Gamma Globulin e imunidade adquirida à malária humana. **Natureza** 192:733-737.

Cruz Coke, R. (1965) Colour Blindness and cirrhosis of liver. **Lanceta** 1:1131-1133.

Curtstern (1973) Principles of Human Genetics Pub. Eurasia Pub. House (Pvt.) Ltd., Nova Deli.

DST Expert Committee (1990) Health, Drinking water and management of genetic disorders. **Série de Relatórios Técnicos DST,** Departamento de

Ciência e Tecnologia, Nova Deli.

Daland, G.A. e Castle, W.B. (1948): Método simples e rápido para demonstrar o enjoo dos glóbulos vermelhos, utilização de agentes redutores. **J. Lab. Clin. Med.,** 53.1082.

Das Gupta, A. et al (1975) Histocompatibility antigens in leprosy. **Antigénios de tecidos** 5:85.

Das, S. R., Mukherjee, D.P. e Sastry, D.B. (1967): Sickle cell Trait no distrito de Koraput e noutras partes da Índia. **Acta., Genet. Basel.,** 17:62-73.

Das, S.R., Das S. K. e Dawn C. S. (1973), Haemoglobin Barts in Bengali Hindu castes studies in Calcutta. **Hereditariedade Humana,** 23.

Das, S.R., Bhattacharya, P. N., Sastry, D. B. e Mukherjee, D. P. (1962): Grupos sanguíneos (ABO, MN, Rh) ABH Secretion, traço de foice e C.B. em Bado Gadaba e Bareng Paroja do distrito de Korapurt em Orissa. **Touro. Dept. An. S. I.,** Vol. XI, No. 3-4: 145:151.

Dasharatham, J. G. e Rao, P. R. (1978) Genetic Studies on Siddis - A population group of Hyderabad with a Negroid ancestry. Vª Conferência Anual da **Sociedade Indiana de Genética Humana,** Bombaim.

Deka, R. (1975) Age at menarche and haemoglobin genotypes among the Kachari women of Assam. Segunda **An. Conf. de Hum. Genetics,** Calcutá. 10.

Desai, A.B.,Usha Modi e Hansa Shah (1968) Sickle cell thalassaemia with malaria, **Indian Pediatrics**, 5:425 - 429.

Deshmukh, V.V. e Sharma, K. D. (1968): Deficiência de eritrócito G-6-PD como causa de icterícia neonatal na Índia. **Ind. Ped.,** 5,401.

Deshmukh, V.V. e Sharma, K. D. (1968) Deficiência de eritrócitos glucose-6-fosfato desidrogenase e traço falciforme celular: Um inquérito aos estudantes de Mahar em Aurangabad, Maharashtra. **J. Med. indiano. Res.,** 56:821 -825.

Donald, I. (1971) Ultrasonics in diagnosis (Sohar) **Proc. Royal Soc. Med.,** 62:442-460.

Dronamraju, K.R. e Meera Khan, P. (1963): A frequência e os efeitos dos casamentos consanguíneos em Andhra Pradesh. **J. Genet,** 13:387-401.

Drysdale, J.W., Reghette, P. e Bunn, F.(1971): The separation of human and animal hemoglobins by IEF In polyacrylamide gels. **Biochem. Biofísicos.**

Acta., 229,42.

Dube, B., Kumar, S. e Mangalik, V. S. (1959) Ausência de hemoglobinas anormais em 235 sujeitos no Uttar Pradesh. **Ind. J. Med. Res.,** 47: 148-149.

Dube, R.K. e Dube, B.(1972) Estudos qualitativos e quantitativos sobre glucose-6-fosfato desidrogenase e enzimas relacionadas em populações residenciais da Universidade Hindu de Banaras **(Observações não publicadas).**

Ektare, A. M. (1973) Glucose-6-fosfato desidrogenase deficiente em Brahmins de Maharashtra **(Observações inéditas).**

Flatz. G., Chakravartti, M.R., Das, B. M. e Delbruck, H. (1972) Genetic survey in the population of Assam. 1. ABO grupos sanguíneos, Glucose-6 fosfato desidrogenase e tipos de hemoglobina. **Hum. Hered.,** 22:323.

Frank, B. Livingstone (1984): The Duffy blood groups, Vivax Malaria, malaria selection in human populations: A Review. **Hum. Biology,** Vol.56, No.3, pp.413425.

Ganguly, N.K. Chandanani, R. E., Mahajan, R.C., Sharma S. e Vasudeva V. (1980), níveis de imunoglobulina e C3 na infecção por P. Vivax e a sua relação com a hemoglatinação e títulos de anticorpos **Ind. J. Med. Res.,** 71:505-509.

Gardiner, C. (1984): Paludismo nas zonas urbanas e rurais do Sul do Gana: Um estudo de anticorpos contra a parasitemia e práticas antimaláricas. **Bull. QUE** 62(4) 607-613.

Garrod, A. E. (1909) Inborn Errors of metabolism, Oxford University Press.

Gerbie A. B., Nadleg H. L., e Gerbie, M.V. (1971) Amniocentese no aconselhamento genético. **Amer. J. Obstet. Gynec.,** 109;765-770.

Ghai, O.P. (1958) Anemia de Cooley. **Indian J. Child Health,** 7:364.

Ghatge, S. G., Pradhan, P. K. e Agarwal, S. (1977) Haemoglobin S na comunidade Kurmi de Madhya Pradesh - Um relatório preliminar. **Índio J. Med. Res.,** 66(2):260-264.

Ghosh, A. e Majumdar, P. P. (1979): Carga genética numa população isolada do Sul da Índia. **Hum. Genet.,** 51:203-208.

Ghosh, T.N. (1984): Factores da genética humana na Malária **Proc. Indo-UK Workshop on Malaria,** Nova Deli (Ed.) V.P. Sharma, Centro de Investigação da Malária, Nova Deli.

Gopal, Krishan, e Srivastava, I. K. (1987) Specific IgM and IgG anti-Malarial anti-Malarial antibody responses in parred samples from malaria patients **Ind. J. Med.,** 24(2):24- 130.

Goswami, H.K. (1970a) Frequência dos casamentos consanguíneos em Madhya Pradesh. **Acta Genet. Med. Gemellol.** 19:486-490.

Goud, J.D. e Rao, P. R. (1975) Studies on biochemical genetic markers in some Andhra tribal populations. **2ª Conferência Anual da Ind. Soc. da Genética Humana,** Calcutá.

Gunju, Kiran (1972) Uma nota sobre o traço de célula falciforme entre os Raj Gonds. **The Eastern Anthropologist,** 25:187.

Gupta, M., e Chaudhary, A. N. R.: Relação entre os grupos sanguíneos ABO e a malária. **Touro. QUE,** 1980, 58:913-914.

Gupta, S. C, Mehrotra, T. N. e Mehrotra, V.G. (1970) Haemoglobin-E thalassaemia em U.P. **Ind. J. Med. Res.,** 58: 857-862.

Gupta, S.C., Mehrotra, T.M. e Sinha, R. (1972) Haemoglobin-D no Uttar Pradesh. **Ind. J. Med. Res.,** 60:1405.

Hakim, S. M. A., Baxi, A. J., Balakrishnan, V., Kulkarni, K.V., Rao, S. S. e Jhala, H.I. (1972) Haptoglobina, transferrina e hemoglobina anormal na **Ind. J. Med. Res.,** 60:699.

Hakim, S. M. A., Baxi, A. J., Balakrishnan, V., Kulkarni, K. V., Rao, S. S. e Jhala, H. I. (1973) Glucose-6-Fosfato desidrogenase e estudos de visão cromática em muçulmanos indianos. **Human Genetic,** 15: 90-2.

Hamerton, J.L. (1971a) **Human Cytogenetics** Vol.1, General Cytogenetics. Academic Press, Nova Iorque.

Hamerton, J.L. (1971b) **Human Cytogenetics** Vol. II Clinical Cytogenetics. Academic Press, Nova Iorque.

Harris, R. et al (1978); HLA em leucemia aguda e doença de Hogkin. Brit Med. **Boletim,** 34:301-304.

Herric, J.B. (1910): Corpúsculos de sangue vermelho em forma de foice e alongado peculiar
num caso de anemia grave. **Arco. Int. Med.** , 6,517.

Abraço, F (1976): Consanguinidade e consanguinidade entre os muçulmanos dos distritos de Murshidabad e Birbhum de Bengala Ocidental **J. Ind. Anthrop. Soc.** ,11:21-25.

Ingram, V. M. (1957): Mutação de genes em hemoglobinas humanas: A diferença química entre hemoglobinas de células normais e falciformes. **Natureza,** 180, 325-328.

Jacob, J.T. e Jayabal, P. (1971): Perda fetal e infantil em relação à consanguinidade no sul da Índia. **Ind. J. Med. Res.,** 59:1050-1053.

Jaikishan G., Veerraju,P. e Naidu, J.M.(1982) Sickle cell Haemoglobin in As tribos Konda Kammara de Andhra Pradesh. **Ind. J. Phy. Anth. & Human Genetics,** (VIII) 2&3.

Jain, R.C., Leigh, H.S. e Mehta, J.B. (1970) Haemoglobina D. , talassemia: Um relatório de caso. **Acta Haematol**, 44:1247.

Jain, R. C, Andrew, A. M. R. e Choubisa, S. L. (1983) Sickle cell and thalassaemic genes in the tribal population of Rajasthan, **Indian J. Med. Res.,** 78:836840.

Jain, R.C, Sachdev K. N., Arhtor A. A. e Sudraniya, S. P. (1971) Beta-talassemia em Rajasthan. **Ind. Med. Gaz.,** XI.(6) 52-56.

Jaiswal,R.B, Idress Bhai, Parande, A.S., Wechalckar, M. D. And Nath, M.C. (1974) Hypertrigly-ceridemia-thalassaemia syndrome. **Journal of Ind. Pediatrics,** XI (5): 385-389.

Jolly, J. G. (1986): Dynamics of G-6-PD deficiency and its public health importance. In: **Genetic Epidemiological Approaches of Health Care,** eds. Somnath Roy, Salil Basu, Anil Jindal e Gautam Kshatriya, National Institute of Health and Family Welfare, Nova Deli, Tech.Rep. 11, 53-59.

Jolly, J. G., Swarup, B. M., Bhatnagar, D. P., e Naini, S. C. (1972) G-6-PD deficiency in India, **J. Indian Med. Ass.,** 58:196-200.

Joshi, S. R., Mehta, M. N., Mehta, D. M. e Bhatia, H. M. (1975) Genetic Studies on three tribal groups of Dadra Nagar Haveli in Western India. **Sec. Ann. Conf. Ind. Soc, Hum. Genetics,** Calcutá.

Joshi, S. R., Mehta, M. M. Mehta, D. M. Bapat,J. P.,Baxi, A. J. e Bhatia, H. M. (1978): Genetic studies in three tribal groups of Dadra Nagar Haveli Region in Western India, **Ind. J. Phy. Anth. e Hum. Genetics,** 4 (2): 133-140.

Kalra, K., Prasad, R., Khanna, N. N., Mittal, V. P. e Dayal, R. S. (1973) Algumas observações sobre a instabilidade do glutatião e deficiência de G-6-PD em bebés e crianças com anemia e icterícia. **Ind. J. Pediatrics,** 40 No.308.

Kapoor, A. K. (1981) Deficiência de glucose-6-fosfato desyrogenase entre Bhotias de Kumaon. **Res. Proc.,** 8:17-21.

Kapoor, A. K. (1982) Red Cell G-6-PD deficiency desidorgenase in the Bhotias of Central Himalayas. **The Anthropologist,** XXIV (1&2): 86-89.

Karan.V. K., Prasad, S. N. e Prasad, T. B. (1978) Sickle Cell disorder in aboriginal tribes of Chhotanagpur. **Indian Paediatrics,** XV (4): 287-291.

Kate, S. L., Mutalik, G. S., Phadke, M. A. e Sainani, G. S. (1978) Sickle cell haemoglobin and G-6-PD deficiency in tribal groups of Maharashtra. **Medical Genetics in India,** Vol.2, Eds.I.C. Verma, Auroma Enterprises, Pondicherry,

pp.89-92.

Kate, S.L. Phadke, M. A., Khedkar, V. A. e Mokashi G. D. (1983) Red cell genetic defects among the tribal population of India (Maharashtra). **International Congress of Genetics,** Nova Deli, p. 763.

Kate, S.L., Mutalik, G. S., Phadke, M. A., Khedkar, V. A. e Shende, M. N. (1974) Prevalência de deficiência de eritrócitos glucose-6-fosfato desidrogenase numa população do distrito de Poona: Levantamento. **Prosseguir. Primeira Conf. da Ind. Soc. of Human Genetics,** 1:56-59.

Kate, S.L., Phadke, M. A., Mokashi, G. D., Khedkar, V. A. e Sainani, G. S. (1978) Abnormal Hemoglobin, deficiência de G-6-PD e variante de pseudocholine sterase em indivíduos das Forças Armadas. **Vth Ann. Conf. da Ind. Soc. de Hum. Genetics,** Bombay.

Kate, S. L., Kurian, J. C., Bhanu, B. V., Mukherjee, B. N., Fulmali, P. M. e Simon, R.D. (1978) A study on red cell enzymes and serum markers, PTC and colour blindness among the Madias of Maharashtra. **Vth Ann. Conf. de Ind. Soc, de Hum. Genetics, de** Bombaim.

Kate, S. L,, Phadke, M. A., Mokashi, G. D. Khedkar, V. A., Mukherjee, B. N. e Malhotra, K. C. (1980) Estudo de hemoglobinas anormais em diferentes grupos populacionais de Maharashtra. **7th Annual Conference of Indian Society of Human Genetics,** Ranchi.

Khan Duja, P.G, Agarwal.K. N., Julka, S., Bhargava, S. K. e Taneja, P. N. (1966) Incidence of G-6-PD deficiency and some observations in patients with haemoglobinuria, **Ind. J. Pediatrics** 341-3.

Khan, N., Agarwal, R.V., Gehlot, G.S. e Kher, M.M. (1975) Correlation of the Incidence of G-6-PD deficiency and other laboratory findings in a central Indian village. **Ind. Med. Gaz.,** XV: No.4.

Khandelwal, M. K. e Solanki, B. R. (1959) Thalassaemia Major conforme observado em Nagpur, **Indian J. Child Health,** 8: 487.

Kher, M. N., Solanki, B.R., Paranda, C. M. e Junnarkar, R.V. (1967): Deficiência de G6PD em Nagpur e na área circundante, um inquérito. **Ind. Med. Gaz,** 7: 34-39.

Kiran Gungu (1961): Uma nota sobre o traço de célula falciforme entre Raj Gonds. **Leste. Anth,** Vol.25 No.2.

Kirk, D.(1970): As implicações genéticas do planeamento familiar. **The J. of Med.**

Educação: Planeamento Familiar e Educação Médica 9 No. 2&3:116-119.

Kochar,B.R. & Kathpala, P. M.L.(1963) Doença de hemoglobina E talassemia. **Ind. J. Med. Sci.,** 17:138.

Kosowar, N.S. e Kosowar, E.M. (1970): Base molecular para a vantagem selectiva dos indivíduos deficientes do G-6-PD expostos à malária. **Lanceta** 2,1343.

Krishnamurty, K. e Subba Rao, P. (1973) A study of Relli families with sickle cell disease in Visakhapatnam, **28th Joint Annual Conference of Association of Physicians of India.**

Kshatriya, G. K., Jindal, A. e Basu, S. K. (1985) HLA antigenes e doenças. **Em Population Genetics and Health Care Issues and Future Strategies,** Técnica. Rep., 8,177-190, NIHFW.

Kumar, N. (1965): ABO grupos sanguíneos e investigações do traço falciforme em Madhya Pradesh. Ratlam e os distritos adjacentes. **Bull. Dept. An. S.I.** ,14(3 & 4).

Kumar, N. (1966): Distribuição de grupos sanguíneos ABO e de traços de células falciformes em Malwa, Oeste do Madhya Pradesh. **J. Ind. Anth. Soc,** 1:129.

Kumar, N. (1966) ABO Blood groups and Sickle Cell trait investigations in Madhya Pradesh, Indore district (Central India). **Acta Genet Med. Gemellal,**

XV(4):404- 408.

Kumar, N. (1968) ABO blood groups and sickle-cell trait distributions in Malwa, Western Madhya Pradesh. **J. Anthrop Indian Anthrop. Soc.** 1:129-139.

Kumar, N. e Ghosh, A.K. (1967) ABO grupos sanguíneos e traço falciforme em Madhya Pradesh, distritos de Ujjain e Dewas, **Acta. Genet. Basileia,** 17:55-61.

Kumar, N., Banerjee, M. K. e Gandhi, L. P. (1976): Distribuição de grupos sanguíneos A1 A2 BO secreção ABH na saliva e o traço de foice entre os Oraons do distrito de Surguja, M.P. (inédito). **An. S. I. Biblioteca,** Nagpur.

Kumar, S., Pai, R.A. e Swaminathan, M. S. (1967): Os casamentos consanguíneos e a carga genética devida aos genes letais em Kerala. **Ann. Hum. Genet.,** 31:141-147.

Laha, P.N. e Dutta, M.(1963) Associação entre grupos sanguíneos e tuberculose pulmonar, **J. Ass. Phys. India,** 11:287.

Lalouel, J.M. (1980) Relative merits and pitfalls of strategies in Genetic Epidemiology, Banbury Report 4. Incidência do cancro em populações definidas. **Primavera fria**

Porto: 189-201.

Laxman, S. Mathur, Y.C. e Harish Chandra (1970)Thalassaemia hemoglobin - doença E, **Pediatria Indiana,** (2): 124-126.

Laxman, S., Mathur Y.C, Harrish Chandra e Reddi, Y.R. (1971) Haemoglobinopathy in Andhra Pradesh. **Ind. J. Pediat.** 38: 365.

Lehman, H. (1954) Distribution of the sickle cell gene, **Eugen. Rev.,** 46:101.

Lehman, H. e Cutbush, M. (1952a) Sickle cell trait in Southern India. **Britânico. Med. Jour.,** 1:404.

Lehman, H. e Cutbush, M. (1952b) Subdivisão de algumas comunidades do sul da Índia de acordo com a incidência de traços de células falciformes e grupos sanguíneos. **Trans. Royal. Soc. Trop. Med. Hyg.,** 46: 380.

Lehmann, H. e Huntsman, R. (1966): As hemoglobinas do homem. **North - Holland Publishng Company,** Amesterdão.

Lejune.T., Lafoureade, J., Berger, R.,Vailatte, J., Baeswillwald, M., Seringe, P. e

Turpin, R.(1963) Trois cas de delete partielle den bras court d'un chromosomes. Compt. **Rend,** 257:3098-3702.

Lele, R. D., Solanki, B. R., Bhagwat, R. B. Langle.V. N. e Shah, P.M. (1962) Haemoglobinopathies na região de Aurangabad. **J. Assoc. Physns. Índia,** 10:263.

Lessa, A. e Desai, M. (1955) Enquetes surla drepanocytose. **Proc. V. Int. Congr. Trans. de sangue. (Paris),** p.507.

Magotra, M. L. e Phadke, M. V. (1975) Anemias na infância e infância, **Indian Pediatrics,** XII. 493-498.

Centro de Investigação da Malária, **Relatório Anual** (1983-84);

Malaviya, A.N. et al (1979) HLA-B27 em Pacientes com espon-dartrites seronegativos na Índia. **J. Rheumatol,** 6:413.

Malhotra, K. C. (1986) Genetico-ambiental disorders and their impact on mortality and morbidity profile among tribal population. Artigo apresentado no workshop "Genetic and socio-cultural determinants of tribal health, NIHFW, New Delhi, sendo publicado em **Tribal Health in India** ed. by prof. S.K. Basu, **Manak Publishers,** 1993, Nova Deli.

Martin, S.K. e Miller, (1978): Baixa actividade eritrocítica da piridoxal cinase em negros. A sua possível relação com a malária falciparum. **The Lancet,** Março-4, p. 466-468.

Matheds, A.R. et al (1983) HLA linkage to 21-hydroxylase congenital adrenal hyperplasi a **Ind. J. Med. Res.,** 78:676-680.

Mathur, K.S., Mehrotra, T.N., Dayal, R.S. e Yadava, S. N. S. (1962) Incidence of Haemoglobin E and thalassaemia in Uttar Pradesh. **J. Ind. Med. Assoc.,** 39: 172.

Matsunaga, E.(1970) Alguma reflexão sobre as consequências biológicas do planeamento familiar: **The Indian Journal of Medical Education;** Family Planning Medical Education, Feb.-March 9/2 e 3 ; 123-128.

McDonald, J.C. e Zuckermen, A. J. (1962) ABO blood groups and skin disease, **Brit. J. Derm,** 77; 30-34.

McKusick, V. (1964) Human genetictics, **Prentice Hall, Inc.**
McKusick, V. A. (1982): Mendelian inheritance in man, 6th ed, **John Hopkins University Press,** Baltimore.

Mehra N. K. (1985) HLA and Disease Association: **A review In Population Genetics and Health Care Issues and Future Strategies.,** Tech. Rep. 8, 57-65, NIHFW.

Mehra, N. K., Das Gupta, A Ghai, S. K. Rao, M. S. N. e Vaidya, M. C. (1976) HLA antigenes e lepra, **letras Microbios,** 3:79-83.

Mehta, B. C. Iyer, P.D. e Gandhi, S. G. (1973) Thalassaemia HB-E num sujeito tâmil cristão. **J. indiano de Med. Sc.,** 27: 324.

Morton, N. E. (1961): Morbidity of children from consanguineous marriages - In **Progress in Medical Genetics,** Vol.1 ed. by A.G. Steinberg. Grune e Stratton, N.Y.

Morton, N. E. (1974) Analysis of family resemblance.1. Introduction. **American Journal of Human Genetics**, 26: 318-330.

Morton, N. E. (1982) Outline of genetic epidemiology, Basel Karger, New York.

Motulsky (1960) Metabolic polymorphisms and the role of infectious disease in human evolution, **Hum Biol.,** 32: 28-63.

Motulsky, A. G., e Vogel, F. (1982): Human genetictics: problems and approaches. **Springer-Verlag Berlin Heidelberg,** Nova Iorque.

Mourant, A. E., Kopec, A.C. e Domaniewska Sobezak, K. (1976) The distribution of the human blood groups and other polymorphism. **Oxford University Press,** Nova Iorque, Toronto.

Mukherjee, D. P. e Bhasker, S. (1974): Estudos sobre a consanguinidade e os seus efeitos sobre alguma população endogâmica do distrito de Chittoor, Andhra Pradesh. **Abst. I Ann. Conf. de Ind. Soc. de Hum. Genet,** Bombaim.

Mukherjee, M. (1938) Cooley's anemia (anemia eritroblástica ou anemia mediterrânea) **Ind. J. Pediat,** 5:1.

Murthy, J. S. e Jamil, T. (1972): Inbreeding load in the newborn of Hyderabad. **Acta. Genet. Med. Gemellol,** 21:327-331.

Mutalik, G. S., Kate, S. L, Malhotra, K. C. e Phadke, M. A. (1974) Investigações serológicas e bioquímicas entre os Nandiwallas de Maharashtra. **Proc. Primeira Conf. Ind. Soc. Hum. Genetics,** 1: 11-20, Bombay.

Naidu, J. M. e Mathew, S. (1978) Sickle cell trait in Rellis of Vishakhapatnam,

Andhra Pradesh. **Homem na Índia** 58(1): 49-52.

Narayanan, H. S. e Rama Rao, B. S. S. (1978): Consanguinidade dos pais e atraso mental. (In): **Medical Genetics in India.** Vol.2. Ed. I.C. Verma. Auroma Enterprises, pp. 141-144.

Nayudu, N.V.S. (1978) Sickle cell disease in East Godavari district, Andhra Pradesh. **Vª Conferência Anual da Sociedade Indiana de Genética Humana,** Bombaim.

Neel, J.V. (1956): A Genética das diferenças, problemas e perspectivas da hemoglobina humana. **Ann. Hum. Genet.** 21:1.

Neel.J. V. e William J. Schull (1954) Hereditariedade humana. **The University of Chicago Press,** Chicago 37.

Neel, J.V. e Schull, W.J. (1970): O efeito da consanguinidade e consanguinidade parental em Hirado, Japão II. Desenvolvimento físico, taxa de sapateamento, pressão arterial, quociente de inteligência, e desempenho escolar, **Amer. J. Hum. Genet,** 22: 263-286.

Negi, R.S. (1962) The incidence of sickle cell trait in two Bastar tribes, **I Man.** 62:8486.

Negi, R.S. (1963) The incidence of sickle cell trait in Bastar **II, Man** 63:19-21.

Negi, R.S. (1964) The incidence of sickle cell trait in Bastar **III., Man** 64.

Negi, R.S. (1971) Traço de célula falciforme como marcador genético na população: **Actas do International Symposium of Human Genetics,** 269.

Nortman, D. (1974) A idade dos pais como factor de resultado da gravidez e desenvolvimento infantil. **Relatórios sobre População/Planeamento Familiar,** 6:1-51.

Paddaiah G. (1981): Effects of parental consanguinity and Inbreeding on the anthropometric measurements in the newborn babies of Visakhapatnam. Distrito, A. P. Abst. Publicado na **8ª Ann. Conf. de Ind. Soc. de Hum. Genet,** Pune.

Pande, S.R., e Mehrotra, T.N. (1972): Estudo de hemoglobina anormal em dadores de sangue profissionais. **J. Ind. Med. Assoc,** 58: 283.

Papiha, S. (1973) Haptoglobina e tipos anormais de hemoglobina em Sinhalees e Pubjabis. **Hum. Hered,** 23:147-153.

Papiha S.S., Chahal, S. M. S., Roberts, D.F. e Singh, I.P. (1980): Genetic studies of Kanet and Koli of Kinnaur district, Himachal Pradesh, India. **Am. Jn. Phys. Anth,** 53:275-283.

Pauling, L, Itano, H. A., Singer, S. J., Wells, I. C. (1949).Anemia falciforme: Uma doença molecular. **Science,** 110:543.

Pillay, Velayndhan M. e Krishna Das, K. V. (1972) Prevalence of haemoglobin variants in general population of South Kerala, **Proc. Ind. Soc. Haematol. e Blood Trans.,** 23.

Praharaj, K.C., Mohanta, K.D., Urmila Swami e Nanda, B.K. (1969) Haemoglobinopathy in Orissa, **Indian Pediatrics,** 6(8): 533- 537.

Praharaj, K.C., Das S., Patnaik, S.B. e Choudhury, U. (1977) deficiência de G-6-PD em Orissa. **J. Ind. Med. Ass.** 68 (11): 221-223.

Prema, P.A., Verma, I.C. e Puri, R.K. (1978): Efeitos da consanguinidade numa poplatação hospitalar em Pondicherry. **Abst Publ. in V Ann. Conf. de Ind. Soc. de Hum. Genet,** Bombaim.

Puri, R.K. e Verma, I.C. (1978): Efeitos da consanguinidade na reprodução, mortalidade e morbilidade de uma população em Pondicherry. **Abst Publ. In V. Ann. Conf. de Ind. Soc. de Hum. Genet.,** Bombay.

Puri, R. K., e Verma, I. C e Bhargava, I. (1978): Efeitos da consanguinidade numa comunidade em Pondicherry. (in) **Genética Médica na Índia.** Vol.2 Ed. I.C. Verma.

Auroma Enterprises, pp.129-140.

Ramesh, A., Murty, J. S. e Blake, N. M. (1979) Genetic studies on the Kolams of Andhra Pradesh, **India. Hum. Ped.** 29:147-153.

Rao, D. C, Morton, N.E. e Yee,S. (1974) Análise das semelhanças familiares. II Um modelo linear para a correlação familiar. **American Journal of Human Genetics,** 26:331359.

Rao, D.C. Morton N.E. e Yee,S (1976) Resolution of cultural and biological inheritance of path analysis, **American Journal of Human Genetics,** 28(3): 228242.

Rao, D.C, Chung, C.S. e Morton, N.E. (1979) Genetic and environmental determinants of periodontal disease. **American Journal of Medical Genetics,** 4:39-45.

Rao, P. A. e Mukherjee, D. P. (1975): Consanguinidade e efeitos da consanguinidade sobre a fertilidade, mortalidade e morbidade numa pequena população de Tirupati. **Proceder. 2ª Ana. Conf. de Ind. Soc. de Hum. Gene.** , Calcutta.

Rao, P.A. e Reddy, V.R. (1977): Casamentos consanguíneos e os seus efeitos na fertilidade e mortalidade de descendentes numa população rural Yadava do sudeste de Andhra Pradesh. **Abst 4th Ann. Conf. de Ind . Soc. de Hum. Genet.** Madras.

Rao, P. M. Blake, N. M. e Veerraju, P (1978) Genetic studies on the Savara and Jatapu tribes of Andhra Pradesh, **India. Hum. Hered.** , 28:122-131.

Rao, P. R. e Goud.J. D.(1979) Sickle cell hemoglobin e G-6-PD em populações tribais de Andhra Pradesh. **J. Med. indiano. Res.,** 70:807-813.

Rao, P. S. S.(1976):Effects of parental inbreeding on foetal growth and development - Results from a prospective community study. **Abs. Publicado em 3rdA Ann.Conf. da Ind. Soc. de Hum. Genet**, Delhi.
Rao, P. S. S. (1978) Inbreeding in Tamil Nadu e os seus efeitos na reprodução humana. **Medical Genetics in India**, Vol. 2 Edited by I.C. Verma, Auroma Enterprises, Pondicherry.

Rao P. S. S. e Inbaraj, S. G. (1977): Inbreeding effects on human reproduction in Tamil Nadu of South India. **Ann. Hum. Genet.**, 41: 87-98.

Rao, P. S. S. e Inbaraj, S. G. (1979): Inbreeding effects on fertility and sterility in Southern India, **J. Med. Genet.,** 16: 24- 31.

Raper, A.B. (1957): Variante incomum da hemoglobina num Gujarati. **Britânico indiano. Med. J.** , i:1285.

Ray, R.N. Chetterjea, J.B. e Choudhary, R. N. (1964): Observações sobre a Resistência em HbE, doença da talassemia à infecção induzida com plasmodium vivax. **Boletim da Organização Mundial de Saúde**, 30: 51-55.

Reddi, D. G. e Baruah, I. K. S. M. (1964) Sickle cell anemia, A study of three cases from antopsy material and one clinical case. **J. Ind. Med. Assoc.** 42-163.

Reddi, Y.R., Sudhakar Rao, V., Niranjan, A e Laxman S. (1975) Thalassaemias em Andhra Pradesh: Um estudo hematológico clínico, **Ind. Pediatria**, xii (2): 195-196.

Reddy, A. P. e Mukherjee, B. N. (1981) Genetic study of a nomadic tribe;

Kuruvikkarans of Andhra Pradesh and Tamil Nadu. **J. Ind. Anthrop. Soc.** , 16:179-184.

Reddy, M. G., Anandaraj M.P., Krishnakumari e Reddi, O.S. (1981) Types of thalassaemia in Andhra Pradesh, **8th Ann. Conf. Ind. Soc. Hum. Genetics, Pune**, p. 21 Abstract No.49.

Reddy, P.G. (1978): Effects of consanguineous marriages on fertility and infant mortality among the Kapu and the Mala of Southern Andhra Pradesh. **Abs. Publ. in X Congresso Internacional de Ciência Antropológica e Etnológica**, Deli.

Reddy, V.R. e Naidu, G.P. (1978): Effects of consanguinity on fertility and mortality in Gampasati Kammas of Andhra Pradesh, (in) **Medical Genetics in India**. Vol 2. Ed. I.C. Verma, Auroma Enterprises, Pondicherry, pp. 151-156.

Reddy, V. R. e Rao, P.A. (1978): Effects of parental consanguinity on fertility, mortality and morbidity among the Pattusalis of Tirupati, South India. **Hum. Hered.**, 28: 226-234.

Reddy, V. R.and Rao, P. A. (1978): Inbreeding effects in a coastal village and other parts, **Acta Genet. Med. Gamellol.**, 27: 89-94.

Reddy, V. R., Rao, K. R., Naidu, G. P. e Reddy B. K. C. (1981): Effects of consanguinity on some morphometric traits in the Brahmins of East Godavari District, Andhra Pradesh. **Abst Publ. in the 8th Ann. Conf. de Ind. Soc. de Hum. Genet.**, Pune.

Roy Choudhury, A.K. (1976) Inbreeding in Indian Populations. **Trans. Bose. Res. Inst.**, 39: 65-76.

Roychoudhury, A.K. (1976) Incidência de consanguinidade em diferentes estados da Índia. **Demografia da Índia**, V:108-119.

Roy, S. (1967) Edtd. Actas do workshop, 'Medical and Human Population Genetics' (4 e 5 de Março) CFPI, **ReportServices .SNo.** 10.

Roy,S. Basu, S. K. e Chakraborty, M. (1976) Biological considerations for the age of marriage, **J. of Population Research**, Vol.3, No.2:35-52.

Roy, S., Basu, S. e Jindal A. (1985) Population genetictics and health care issues and future stretegies, **Technical Report No.8**, NIHFW, New Delhi.

Roy.S. Basu, S.K. Jindal, A. e Kshatriya, G. (1985) Geneticepidemiological approaches to health care, **Technical Report No. 11**, NIHFW.

Rusell, J, G. B. (1969) Radiology in the diagnosis of foetal abnormalities. **J. of Obstetrics and Gynecology of the British Commonwealth**, 76:345-350.

Sachs, J.A e Brewerton, D.A. (1978) HLA, espondilite anquilosante e artrite reumatóide. **Brit. Med. Bull.** , 34: 275-278.

Saha, N. e Banerjee, B. (1965): Incidência de hemoglobinas anormais em Punjab. **Calcutta Med. J.** , 62:82.

Saha, N. e Banerjee, B. (1971) Incidence of erythrocyte glucose among ethnic groups of Indian, **Human Heredity**, 21.

Saha, N., Kirk, R.L., Shanbhag, S., Joshi, S.R. e Bhatia, H.M. (1974) Genetic studies among the Kadar of Kerala. **Hum. Hered.** 24: 198-218.

Saheb, S. Y. Sirajuddin, S. M. Raju, C. M. Sastry, D.B. e Gulati, R. K. (1978) consanguinidade e os seus efeitos na fertilidade e mortalidade nas populações de Kodava e Amma Kodava do distrito de Kodagei. **Vth Ann. Conf. do Inel. Soc. Hum. Gen.**, Bombaim.
Sahghvi, L. D. (1966): Inbreeding in India, **Eug. Quart**, 13: 291-301.

Sanghvi, L.D. (1974): The Genetic consequences of inbreeding and outbreeding (As consequências genéticas da consanguinidade e do surto). (in): **O papel da selecção natural e da evolução humana. A Burg Wartenstein Symposium No.63**, pp.1-17.

Sanghvi, L.D. (1978): As conseqências genéticas da consanguinidade. (In) **Medical Genetics in India**, Vol.2, ed. I.C. Verma. Auroma Enterprises. Pondicherry, pp. 113-118.

Sanghvi, L. D. e Notani, P.(1974) Effects of Inbreeding on congenital malformation. **Actas do Seminário Nacional sobre Genética da População Humana,** Bombaim, 14-15 de Fevereiro.

Sanghvi, L. D., Sukumaran, P.K. e Lehman, H. (1958): Haemoglobin J. trait em duas mulheres indianas. **Brit. Med. J.** II.828.

Sarjeant, G. R. (1985); Sickle cell disease, **Oxford University Press**, New York.

Sastry, D.B., Narasimhan S., Lozoff B, e Brittenham, G. (1975) Low Proportion of Hb-S in Heterozygotes from a South Indian Veddoid Population. **2ª Conf. Anual de Ind.Soc. Hum.Gene.** , Calcutta.

Sastry, D.B., Sirajuddin, S.M. Mohan, Raju, C, Gulati, R.K. e Yaseen Saheb.S. (1978) Al A2 Bo, MN, Rh, Kell e Duffy grupos sanguíneos e traço de célula falciforme entre os Kodavas do distrito de Kodagu. **Xth International Congress of Anthropological and Ethnological Sciences**, Índia.

Schneider, R.G. (1973): Desenvolvimento no diagnóstico laboratorial na doença falciforme: diagnóstico, gestão, educação e investigação (eds.). H. Abramson, J.F. Bertles, e D.L. Wethers, C. V. Mosby Co., S t. Louis, pp. 230.

Schull, W. J. (1958): Riscos empíricos nos casamentos consanguíneos: Proporção de sexo, malformação e viabilidade. **Amer. J. Human Genet**, 10: 294-343.

Schull, WJ. (1959): Inbreeding effects on man, **Eugen. Quart.**, 6:102-109.

Schull, W. J. e Maccluer, J. W. (1968): Inbreeding in human populations, com especial referência a Takushima, Japão, pp. 79-98 em K. Dronamraju (ed.) **Haldane and Modern Biology, Johns Hopkins Press**, Baltimore.

Schull, WJ. e Weiss, KM. (1980) Genetic epidemiology four strategies. **Epidemiologic Review**, 2:1-18.

Schull, W. J. Furusho, T. Yamamoto, M. Nagaho, H. e Komatsu, I. (1970): The effects of parental consanguinity and inbreeding in Hirado, Japan. IV. Fertilidade e Compensação Reprodutiva. **Hum. Genet**, 9:294-315.

Sen Gupta, S. etal (1977) Antígenos HLA nos índios do Norte que sofrem de ankylosingspondylitis. **Touro. PGI**, 11:12

Sen Gupta, S. et al (1979) Os antigénios HLA são agudos nos índios do Norte. **Ind. J.O**.

Serimgeour, J.B.(1973), Amniocentese: Técnica e complicações, outras técnicas

para diagnóstico pré-natal. Diagnóstico pré-natal da doença de Genetjc (Ed.) A.E.H. Emery.

Seth, P.K. e Seth, S. (1971) Biogenetical studies of Nagas; G-6- PD deficiency in Angami Nagas, **Human Biology**, 43.

Shanbag e Bhatia (1974): Estudos sobre marcadores genéticos como grupos sanguíneos, grupos séricos, G-6-PD e hemoglobinas anormais nos grupos de castas de Saras-wats e Lohanas: **Procedimentos do Pop humano. Genetics in India**, 1:1.

Sharma, A. Singh, H. Dhatt, P.S., Gupta, H. L. e Arya, R. K. (19, deficiência em novos cômodos, **Indian Paediatrics**, XIX (5).

Sharma, K. D., Deshmukh, V. V. e Kshirsagar, V.H., (1969) Report of work done on G-6-PD deficiency, Indian survey (Comunicação pessoal).

Sharma, K.D., Kshirsagar,V.H. e Deshmukh, V.V.(1974) Evaluation of deficiency of erythrocyte, GIucose-6-phosphate dehydrogenase and sickle cell trait with malarial endemicity in a Maharpopulation of 1099 subject s . (In) **Human Population Genetics in India** (eds.) L.D. Sanghvi et. al. **Orient Longram Ltd,** Nova Deli

Sharma, R.S., Parekh, J.G. e Shah K.M. (1963) Haemoglobinopathies in Western India. **Relatório Anual Ind. Soc. Haemat**, 4:36.

Sharma, R.S., Kabir Sathe, M.S., Baxi, A.J., Shanbag, S.R. e Bhatia, H.M. (1971) Haematological and genetical studies in the Saraswat and Lohawa communities. **Proc. Annu. Reunião Ind. Soc. Haematol. e Transf. de Sangue.** Mangalore, pp. 2729.

Sharma, V.P. (1985): Genetic epidemiology of malaria - An Indian perspective. **Técnica. Relatório No.ll**, NIHFW, Nova Deli.

Shashi Bala e Seth, S. (1978) Deficiência G-6-PD entre os eruditos de Kashmiri e os muçulmanos de Srinagar. **Ind. J. Phy. Anth. e Hum. Genetics**, 5(1): 117-122.

Shukla, R.N. e Solanki, B.R. (1958) Sickle cell trait in central India. **Lanceta** 1:297-8.

Siegel, E.(1970) Os efeitos biológicos do planeamento familiar. The **J. of Medical Education**, Family planning and medical education 9/2 & 3 : 110-115.

Simons, MJ. etal (1974) Immunogenetic aspects of Nasopharyngeal carcinoma: I differences in HLA antigen profiles between patients and control groups. **Int. J. Cancer**, 13:122-134.

Simons, M. J. et. al (1975) : Proballe identification in HLA second locus antigen

assodado com um elevado risco de carcinoma nasofaríngeo. **Lanceta**; 142-143.

Simons, MJ. e Amiel, J.L. (1977) (In) HLA e doença Eds J. Dausset e A. Svejgaard Munksgaard, Copenhaga, 221-222.

Sinha, R., Mehrotra, T. N. Gupta, S.C. & Kapoor, K.K. (1973) Abnormal haemoglobins in the Indian Armed Forces personnel, Ind. **J. Med. Res.** , 61:1299.

Solanki, B.R. Kher, M.M., Parande,G.M. e Junnarker, R.V. (1967) Correlação da incidência de defidência de Glucose-6-fosfato desidrogenase e traço falciforme nas comunidades locais no centro da Índia. **Ind. Med. Gazt.,** 7:62.

Stevenson, A.C., Johnston, H.A., Stewart, M.I.P. e Golding, D.R. (1966): Malformações congénitas. Um relatório de um estudo de uma série de nascimentos consecutivos em 24 centros. **Touro. Sup. OMS**, Vol .34: 88-93:

Subedar, B. J., Bhargava, H. S., Choubey, B. S. e Solanki, B.R., (1961): Haemoglobin J numa família Harijan. **Jour. Assoc. Phys. Ind.,** 9:491.

Sudhakar Babu, M. (1980) Uma nota sobre o traço de doença numa população tribal da costa de Andhra Pradesh. **Sétima Conf. Anual da Ind. Soc. de Hum. Gent**, Ranchi.

Sukumaran, P.K. e Mestre, Homai R. (1974). A distribuição de hemoglobina anormal na população indiana. **Proc First Conf. Ind. Soc. Hum. Genet.**, Bombay, 1:91-111.

Sukumaran P.K. Sanghvi, L.D. e Vyas, G. N. (19S6) Sickle cell trait in some tribes of Western India, **Current Science**. 25;290- 91.

Sukumaran, P.K., Sanghvi, L.D. e Nazreth, F.A. (1960) Haemoglobina D Talassemia. Um relatório de duas famílias. **Acta Haemat**, 23:309.

Sukumaran, P.K., Bhatia, H.M. e Sanghvi, L.D. (1969) Variantes de hemoglobina e grupos sanguíneos em Gujarati falando Lohanas em Bombaim. Artigo apresentado em **Ann. Conf. Ind. Soc. Haematol. e Blood Trans.** , Hyderabad.

Sukumaran, P.K., Randelia, HP., Sanghvi, L.D. e Merchant, S.M. (1961). Thalassaemia Syndromes in Bombay. **J. Assoc. Physicians**, 7&9:477-488.

Sukumaran P.K., Desai M.P.,Lorkin, P.A. & Lehmann, H. (1974) Haemoglobin J. na família Mahar em Maharashtra, a sua identidade com haemoglobina Hofu. **Proc. Ind. Soc. Hum. Genet**, Bombaim.

Sukumaran, P. K., Merchants S.M., Menna, P. Desai., Barbara, G. Wiltshire e Lehman, H. (1972) HbQ Índia (L 64 (E13) Aspartic Add-Histidine) associado a

talassemia observada em 3 famílias Sindhi. **J. de Med. Genet.** 9:422-436

Sur, A.M., Chakravarty A., Rawat,M.S. Akol.B.R.DeshpandeT.V.e Hardas U. (1968) Sickle cell hemoglobinopathy in children, **Ind. Pediatria** 5:285.

Sushma G., Ghai O.P. e Chandra, R.K. (1970) deficiência de G-6-PD no recémnascido e a sua relação com a bilirrubina sérica. **Ind J. de Pediatria**. 37: 268.

Sutter, J. e Tabah, J. (1952): Effects de la consanguinite et de Iendogamic. **População**, 7:249-266.

Svejgaard, A and Ryder, L.P. (1979); HLA markers and disease (In) Genetic analysis of common diseases: Aplicação a factores preditivos Eds. F. Charles Sing e Mark Skolmick. **Alan R. Liss. Inc.** , Nova Iorque.
Swarup, Susheela, Ghosh, S.K., e Chetterjea, J.B. (1960): Haemoglobin E disease in Bengalees, **J. Ind. Med. Assoc.** , 35:13.

Swarup, Susheela, Ghosh, S.K. e Chetterjea, J.B. (1963): Um relatório sobre hemoglobinas de movimento rápido em Bengalés. **Bull. Cal. Sen. Trap. Med.,** 11:137.

Swarup, Susheela, Ghosh, S.K., Kundu, H.B., e Chetterjea, J.B. (1959): Hemoglobinas anormais em Mysore. **J. Ind. Med. Assoc.** , 33:209.162.

Swarup, S., Banerjee, P. G., Ghosh, S. K. e Chetterjea, J.B. (1965) Haemoglobin Bait's in Bengali-blood . **Touro. Calcutta Sch. Trop. Med.** , 13:47-48.

Thorsby, E. et al (1969) HLA Genótipos de crianças com luekemia aguda: Um estudo familiar . **Escândalo J. Haemotol**, 6:409-415.

Tiagi, G.K., Waldar, P.K. e Laha, P.N. (1954) Anemia de Cooley na Índia. **J. Med. indiano. Sci**, 8: 745-59.

Tiwary V. K., Pradhan P. K. e Agarwal, S. (1980) Haemoglobin em casta programada e Tribos programadas em Raipur (Madhya Pradesh) um relatório preliminar. **Indiano J. Med. Res.,** 71: 397-401.

Udani, P.M., Parekh, J. G. e Sharma, R.S. (1961) Thalassaemia syndromes in children, Paper read at **Annu. Meeting Indian Soc. Haematol**, Madras.

Udani, P.M., Parekh, J.G. e Sharma, R.S. (1963) Haemoglobina E talassemia. A case report, **J. J. J. J. Hospitals**, 8:259.

Uma Rao, Chouhan, D.M., Usha, S., Sharma, R. e Parekh, J.G. (1969) Sickle cell thalassaemia (Microdrepanocytic Disease) and pregnancy, **J. Obstet e Gynec. of**

Índia, 19.

Undevia, J.V.(1973) Population Genetics of the Parsees, **Ph.D. Thesis,** Bombay., pp. 83-91.

Valentine, W.N. and Oski, F.A. et al. (1967): Hereditary hemolytic anemia of hexokinase deficiency. **New England J. Med.,** 276.1.

Veeraju, P., Busi, B.R. e Elias, A. N. (1976) Deficiência de G-6-PD da Red Cell entre Andhras. **Terceira Conf. Anual. Ind. Soc. de Hum. Genet**. Delhi.

Vella, F. e Bhagwan Singh, R. (1959) Haemoglobin K. tait, numa família indiana em Singapura. **Acta Haemat (Basal),** 21:187.

Vogel, F. e Chakravarti M.R., (1966) ABO Blood Groups and Smallpox in a rural population of West Bengal and Bihar (India). **Genetik humano,** 3:166

Vogel, F. e Motulsky, A.G. (1982) Human gentics problems and approaches, **Springer -Verlag Berlin Heidelberg,** New York.

Vogel, F; Kruger, J., Song, V.K. e flatz, G. (1969): ABO grupos sanguíneos, lepra e proteínas séricas, **Human Genetic,** 7:149.

Voller A. e Bruce Chawatt, LJ. (1968): Serological malaria surveys in Nigeria, **Bull. of WHO,** 39:883-897.

Vyas, G.N. Bhatia, H.M., Sukumaran, P.K., Balakrishanan, V. e Sanghvi, L.D. (1962): Estudo de grupos sanguíneos, hemoglobinas anormais e outros caracteres genéticos em algumas tribos de Gujarat. **Am. J. de Antropologia Física,** 20: 255.

Waldeyer, W. (1888) Ueber Karyokinese und ihre Beziehungen zu den Befruchungsvbolgangen. **Arq. inkr. Anat,** 32:1.

Walford, R.L. et al (1971) Transplant Prc. 3:1297-1300 C.F. Dick (1978).

Walter, H. Wernsdorfer e Sir Ian McGregor (1988): Princípios e Prática da Malária da Malariologia. **Pub. Churchill Livingstone,** Nova Iorque.

Wilson, RJ.M. e McGregor, LA. (1973) Immunoglobulin Characteristics of antibodies to Malarial S. antigens in men. **Immunol.,** 25, 385-390.

Organização Mundial de Saúde (1966): Haemoglobinopathies and allied disorders: report of a WHO scientific group, **Technical Report Series No. 338**.

Organização Mundial de Saúde (1985): **Caderno de Aconselhamento para a Talassemia**.

Printed by Books on Demand GmbH, Norderstedt / Germany